ScamperによるROS & Raspberry Pi 製作入門

ROS Kinetic 対応

株式会社リバスト[監修] 鹿貫 悠多[著]

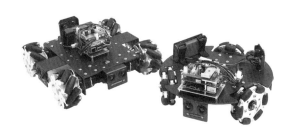

Scamper®は株式会社リバストの商標です．
Raspberry Pi®はRaspberry Pi財団の商標です．Raspberry Pi® is a trademark of the Raspberry Pi Foundation.
その他の本書に掲載されている会社名・製品名は，一般に各社の登録商標または商標です．

本書を発行するにあたって，内容に誤りのないようできる限りの注意を払いましたが，本書の内容を適用した結果生じたこと，また，適用できなかった結果について，著者，出版社とも一切の責任を負いませんのでご了承ください．

本書は，「著作権法」によって，著作権等の権利が保護されている著作物です．本書の複製権・翻訳権・上映権・譲渡権・公衆送信権（送信可能化権を含む）は著作権者が保有しています．本書の全部または一部につき，無断で転載，複写複製，電子的装置への入力等をされると，著作権等の権利侵害となる場合があります．また，代行業者等の第三者によるスキャンやデジタル化は，たとえ個人や家庭内での利用であっても著作権法上認められておりませんので，ご注意ください．

本書の無断複写は，著作権法上の制限事項を除き，禁じられています．本書の複写複製を希望される場合は，そのつど事前に下記へ連絡して許諾を得てください．

(社)出版者著作権管理機構
(電話 03-3513-6969, FAX 03-3513-6979, e-mail: info@jcopy.or.jp)

JCOPY ＜(社)出版者著作権管理機構 委託出版物＞

まえがき

◼ ROS，Raspberry Pi，Scamperについて

　本書を手に取っていただきありがとうございます．この本に興味を持ったということはROSやRaspberry Piについては説明が不要かもしれませんね．本書のタイトルには「Scamper」「ROS」「Raspberry Pi」という3つのキーワードが入っていますが，ロボット業界では超有名な「ROS」と「Raspberry Pi」はともかく，「Scamper」って一体なにもの？と思う人がほとんどだと思います．Scamperはリバスト社が開発をしているROS対応のロボット学習用キットです．じゃあScamperを持ってないとこの本を読む意味はないの？と思われるかもしれませんがご安心ください．本書の内容を比率で表すと（ROS + Raspberry Pi）：Scamper＝8：2くらいの割合です．Scamperがなくても十分ROSやRaspberry Piについて理解を深めることができます．なお，Scamperを持っているとロボットを動かしながら100％本書の内容を活かすことができます．

◼ 本書の内容について

　本書は筆者が大学に在籍していた頃に学部・修士の学生の教育用として公開していたWebページの内容をもとにScamperの要素を加えて執筆し直したものです．筆者がかなりゆるいタイプの人間なので固い表現はあまり使っていません．ROSに興味がある学生さんやエンジニアの方に軽い気持ちで読んでもらえると嬉しく思います．また，本書ではROSやRaspberry Piだけでなく画像処理を用いた簡単なロボット制御も紹介していますので，画像処理に興味がある方にもおすすめです．ただし，他のROS関連の書籍のような王道的な進め方をしていないので，すでに他のROS書籍を読んだ方やROS経験者の方は少し違和感を覚えるかもしれません．

◼ 本書の学習スタイル

　本書では読者のみなさんがROSを使えるようになるだけではなく，ROSのプログラムを書けるようになることを目的としているため，習うより慣れろ精神で，実際にC/C++のソースコードをゴリゴリ書きながらROSを学んでいきます．非効率的な方法かも知れませんが，「着実にスキルを身につけるには実際に手を動かしながら学ぶ」というのが筆者のスタイルです．ソースコードを書いている最中にビルドがうまく通らず行き詰まってしまった場合，オーム社のWebページから本書で紹介するソースコードがすべてダウンロードできますので，自分のコードのどの部分が間違っているのか確認しながら進めると効率的です．

　本書を通じてROSやRaspberry Piの楽しさを知ってもらい，本書で得たスキルをこれからのロボット開発に活かしてもらえると筆者として大変嬉しく思います．ぜひ，楽しみながらROS，Raspberry Piの学習を進めてみてください．

本書の使い方

本書の特徴

　本書はROS初学者のために書かれたロボットプログラミング学習用書籍です．実機で使えることを想定したプログラミングを特徴としています．実機には「Scamper」という移動ロボットを使用します．

　実際のプログラミングの手順に沿っているため，順を追って学習していくことで，ROSプログラミングに慣れることができるように構成されています．

　「ロボットプログラミングに慣れること」を目的としているため，専門用語や関数の仕様など，細かい部分までは説明していませんが，巻末に詳しく調べられるサイトや公式ドキュメントのURLを掲載しておりますので，併せて参照しながら学習を進めてください．

Scamperの入手方法

　本書はScamperをお持ちでない方でも読み進められますが，一部の内容（10章，12～13章）については，Scamper本体が必要になります．入手される場合は，下記Webサイトの上方にあるメニューの「お問い合わせ」からリバスト社に直接お問い合わせください．

- 株式会社リバスト　http://revast.co.jp/

サンプルファイルの入手方法

　下記サイトの書籍検索ページより本書籍を検索いただき，ダウンロードタブをご確認ください．

- 株式会社オーム社　https://www.ohmsha.co.jp

開発・動作確認環境

　本書を執筆するにあたって動作確認を行ったPCの環境を以下に示します．Scamperは3輪オムニタイプ/4輪メカナムタイプのどちらでも動作することを確認しています．

型番	Omen by HP 15（2017年モデル）
メーカー	Hewlett Packard
CPU	Core i7 7700HQ
メモリ	16GB (DDR4 PC4-19200)
ストレージ	SSD：256GB HDD：1TB
ビデオチップ	GeForce GTX 1060
OS	Ubuntu 16.04 LTS
ROS Distribution	Kinetic Kame
無線LANルーター	I/O DATA「WN-AC1167R」

本書で用いる記法

■ コマンドの実行

　コマンドの実行は，次のような黒の囲みで示します．

　行頭の「U $」はUbuntu PCから入力するコマンド，「R $」はRaspberry Piから入力するコマンドを示します．実際に端末（ターミナル）に入力する部分は，**太字**で示しています．

```
U $ ssh pi@raspberrypi.local
```
```
R $ sudo raspi-config
```

また，1行ずつ別の端末で実行する場合，次のように囲みを分けて示しています．

```
R $ roscore
```
```
R $ rosrun turtlesim turtlesim_node
```
```
R $ rosrun turtlesim turtle_teleop_key
```

■ ソースコード

ソースコードおよびXMLなどのファイルの編集は，次のような白い囲みで示します．
囲み上部はファイル名を示します．既存のファイル内容を変更する編集を行う場合，**太字**で示しています．

helloworld.cpp
```
#include <ros/ros.h>
int main(int argc, char **argv){ ### 処理 ###}
```

CMakeLists.txt
```
### 省略 ###
set(TARGET "wander")
add_executable(${TARGET} src/${TARGET}.cpp)
target_link_libraries(${TARGET} ${catkin_LIBRARIES})
```

■ 改行記号

コマンドやXMLファイルなど，本来は1行で書くべきところ，紙面の都合上折り返しが発生する場合，次のように改行記号「⏎」を使用します．

```
R $ catkin_create_pkg scamper_move roscpp geometry_msgs std_msgs ⏎
      actionlib actionlib_msgsmessage_generation message_runtime
```

```
<class name="scamper_vision/CameraPublisherNl" type="scamper_vision::CameraPublisherNl" ⏎
  base_class_type="nodelet::Nodelet">
</class>
```

■ 空白記号

コマンドやソースコードの記述で，空白文字は基本的に半角スペースで示していますが（例えば，「sudo raspi-config」の「sudo」と「raspi-config」の間），空白文字の有無が重要となる場合（改行記号の直前など）には，空白記号「␣」を使用しています．意味としては一般的な半角スペース「 」と同じです．

注意事項
- 本書はRaspberry PiやROS，Scamperの基本的な扱い方について解説するものです．本書の利用によって生じたいかなる損害に対しましても筆者およびオーム社は責任を負いませんのであらかじめご了承ください．また，Scamperを扱う際の免責事項についてはScamperに付属する取扱説明書に記述がありますので，そちらの内容を必ず確認の上使用するようにしてください．
- 本書で使用されているオープンソースソフトウェアは，読者の利用時にバージョンが異なる場合や実際の動作が異なる場合があります．
- 本書に登場する会社名・製品名は，一般に各社の登録商標であり，本文中では®マークなどを省略しています．

『ScamperによるROS & Raspberry Pi製作入門』

目次

第1部 ROSを勉強するための準備編　1

第1章 はじめに　2
- 1.1 ROSについて　3
- 1.2 Scamperについて　5
- 1.3 ROSを利用して動作しているロボットの例　7
- 1.4 本書で学習をする際に用意するもの　9
- コラム「本当にROSがRaspberry Piで動くの？」　11

第2章 Raspberry Piのセットアップ　12
- 2.1 OSイメージの書き込み　13
- 2.2 Raspberry Piの初期設定　18
  - 電源の投入 / sshコマンドによるログイン / パスワードの変更 / パーティションの拡張 / 言語と地域の設定
- 2.3 リモートデスクトップ接続の有効化　23
  - xrdpの導入 / xrdpの動作確認

第3章 ROSのセットアップ　30
- 3.1 ROSのインストール（Raspberry Pi編）　31
  - Raspberry PiのSWAP領域の調整 / OpenCV (3.2.0) のインストール / ROS (Kinetic) のインストール / 環境変数の設定
- 3.2 ROSのインストール（Ubuntu PC編）　39
  - ROS (Kinetic) のインストール / 環境変数の設定

第4章 サンプルプログラムでROSの動作確認　42
- 4.1 ROSの基本用語　43
- 4.2 端末ソフトウェアのインストール　43
- 4.3 サンプルプログラムの実行　47
  - TurtleSimの実行 / データ通信について / デバッグコマンドの使い方

第2部 ROSプログラミング基礎編　55

第5章 ROSのプログラムを書いてみる　56
- 5.1 開発の準備　56
  - エディタのインストール / ワークスペースの作成
- 5.2 「Hello World」を表示するプログラムの作成　59
  - パッケージの作成 / package.xmlの確認 / ソースコードの編集 / CMakeLists.txtの編集 / パッケージのビルド / helloworldノードの実行
- 5.3 命名規則等について　66
- コラム「ソフトウェアのライセンスについて」　67

第6章 Topicを用いた通信　68
- 6.1 Topic通信とは？　68
- 6.2 Topic通信を用いたデータの送受信　69
  - パッケージの作成 / ソースコードの編集（publisher.cpp）/ ソースコードの編集（subscriber.cpp）/ CMakeLists.txtの編集 / パッケージのビルド & ノードの実行

6.3	独自型を使ったTopic通信	75
	メッセージ型の定義 / CMakeLists.txtの編集 / ヘッダファイルの生成 / ソースコードの編集（publisher.cpp）/ ソースコードの編集（subscriber.cpp）/ パッケージのビルド & ノードの実行	
6.4	ノンブロッキングなSubscribe（spinOnce）	80
	ソースコードの編集 / CMakeLists.txtの編集 / パッケージのビルド & ノードの実行	
6.5	ノンブロッキングなSubscribe（AsyncSpinner）	83
	ソースコードの編集 / CMakeLists.txtの編集 / パッケージのビルド & ノードの実行	
6.6	Subscribeの同期方法	86
	ソースコードの編集 / CMakeLists.txtの編集 / パッケージのビルド & ノードの実行	
	コラム「ROSと命名規則」	91

第7章　Serviceを用いた通信　　92

7.1	Serviceとは？	92
7.2	Serviceを利用したノードの作成	93
	パッケージの作成 / ソースコードの編集（service_server.cpp）/ ソースコードの編集（service_client.cpp）/ CMakeLists.txtの編集 / パッケージのビルド & ノードの実行	
7.3	独自Service型の定義	98
	Service型の定義 / CMakeLists.txtの編集 / ヘッダファイルの生成 / ソースコードの編集（read_text.cpp）/ ソースコードの編集（print_text.cpp）/ CMakeLists.txtの編集 / パッケージのビルド & ノードの実行	
7.4	非同期的なServiceの利用	104
	Action型の定義 / CMakeLists.txtの編集 / ヘッダファイルの生成 / ソースコードの編集（action_server.cpp）/ ソースコードの編集（action_client.cpp）/ CMakeLists.txtの編集 / パッケージのビルド & ノードの実行	

第8章　Parameterの使い方　　114

8.1	Parameterについて	115
8.2	Parameterを利用したノードの作成	115
	パッケージの作成 / ソースコードの編集 / CMakeLists.txtの編集 / パッケージのビルド & ノードの実行	
8.3	roslaunchによるノードの起動	120
	launchファイルの作成 / launchファイルの編集 / roslaunchによるノードの起動 / roslaunchの便利な使い方	
	コラム「ロボットとパラメータの調整」	125

第9章　ROSの分散処理を試してみる　　126

9.1	Ubuntu PCの開発準備	127
9.2	分散処理を利用するノードの作成	130
	パッケージの作成 / ソースコードの編集（remote_client.cpp）/ ソースコードの編集（remote_server.cpp）/ CMakeLists.txtの編集 / パッケージのビルド / 分散処理のための設定 / ノードの実行	
	コラム「Scamperの構成について」	136

第3部　ROSプログラミング応用編　　137

第10章　全方向移動ロボットの走行制御　　138

10.1	全方位移動機構について	139
	3輪オムニホイールの動作原理 / 4輪メカナムホイールの動作原理	
10.2	Scamperのシステムについて	142
	scamper_driver（Subscribe）/ scamper_driver（Publish）/ scamper_sonar（Publish）/ scamper_run（Subscribe）	

10.3　全方向移動プログラムの作成　145
パッケージの作成 / Action型の定義 / ヘッダファイルの生成 / ソースコードの編集（omni_move.cpp）/ ソースコードの編集（move_test.cpp）/ CMakeLists.txtの編集 / パッケージのビルド ＆ ノードの実行

10.4　障害物回避プログラムの作成　152
ソースコードの編集（wander.cpp）/ CMakeLists.txtの編集 / パッケージのビルド ＆ ノードの生成

コラム「ロボットの自律走行」　157

第11章　ROSでカメラを利用してみる　158

11.1　OpenCVでの画像データの扱い方　158
OpenCVで読み書きできるフォーマット / 画像データの扱い方 / パッケージの作成 / ソースコードの編集 / 画素へのアクセス方法 / CMakeLists.txtの編集 / パッケージのビルド ＆ ノードの実行

11.2　OpenCVとROSの連携　164
Topicの型について / パッケージの作成 / ソースコードの編集（camera_publisher.cpp）/ ソースコードの編集（camera_viewer.cpp）/ CMakeLists.txtの編集 / パッケージのビルド ＆ ノードの実行

11.3　ROSにおけるzero copy通信　169
Nodeletクラスの作成 / ソースコードの編集（camera_publisher_nl.cpp）/ ソースコードの編集（camera_viewer_nl.cpp）/ CMakeLists.txtの編集 / package.xmlの編集 / プラグイン定義ファイルの作成 / パッケージのビルド ＆ ノードの実行

第12章　単眼カメラを用いた色検出　178

12.1　画像処理における色空間について　178
RGB表色系 / HSV表色系

12.2　特定色抽出プログラムの作成　181
ソースコードの編集（extract_color.cpp）/ CMakeLists.txtの編集 / プラグイン定義ファイルの編集 / パッケージのビルド ＆ ノードの実行

12.3　特定色追従プログラムの作成　188
ソースコードの編集（find_color.cpp）/ CMakeLists.txtの編集 / プラグイン定義ファイルの編集 / launchファイルの作成 / パッケージのビルド ＆ ノードの実行

コラム「ロボットに向いているカメラとは？」　197

第13章　ステレオカメラを用いた物体追従　198

13.1　ステレオ視の仕組み　198
ピンホールカメラモデル / ステレオカメラによる3次元復元 / テンプレートマッチング

13.2　カメラキャリブレーション　203
ステレオキャリブレーションのための準備 / キャリブレーションノードの実行 / YAMLファイルの編集 / キャリブレーションの確認

13.3　物体追従プログラムの作成　212
ソースコードの編集（follow_color.cpp）/ CMakeLists.txtの編集 / プラグイン定義ファイルの編集 / launchファイルの作成 / パッケージのビルド ＆ ノードの実行

おわりに 222

参照サイト一覧 224

索引 226

第1部

ROSを勉強するための準備編

第1章　はじめに
第2章　Raspberry Piのセットアップ
第3章　ROSのセットアップ
第4章　サンプルプログラムでROSの動作確認

第 1 部　ROSを勉強するための準備編

第 1 章

はじめに

　本書は，これからROS（Robot Operating System）を用いてロボットの研究・開発を行おうと考えている大学・高専生，企業のエンジニアの方を対象としたロボットプログラミングの学習用書籍です．ROSは数年前から日本人ユーザの数が急激に増え，研究分野にとどまらず，企業でも利用されるようになってきました．ロボットの購入・検討の際に，ROSに対応しているかどうかが決め手となることも珍しくありません．また，日本人向けのROSに関する書籍・Webサイトも増えてきており，新たにROSを始める方でも学習しやすい環境になっています．

　本書では，実際にロボットを動かしながらROSの基本的な機能を一通り学習します．ロボットは，株式会社リバスト（以降，リバスト社）から開発・販売されている研究開発・教育用ロボット「Scamper」を用います．シミュレーションではなく実際のロボットを動かしながら学ぶことで，現実空間でロボットを動かす際のさまざまな問題に対処できる能力を養います．実際にハードウェアに触りながらROSの学習をしたい方，自分でソースコードを書いてROSの理解を深めたい方にぴったりの内容です．

　また，学習に用いるプログラミング言語については，古くからロボット界隈でよく使われているCおよびC++言語を採用し，C/C++でROSのソースコードを記述する際のテクニックも紹介します．

　本書では，大きく以下の内容を扱います．

- 丁寧な解説でRaspberry Piの設定から学べる
- とにかくたくさんコードを書いてROSプログラミングを体験する
- カメラを使った画像処理でロボットを制御する
- 実際にロボットを動かしてROSを学習する

　本書は3部構成になっており，第1部ではROSを学習するための準備，第2部ではROSの基本的な機能，第3部ではScamperとステレオカメラを用いた画像処理によるロボット制御について学習します．第3部では実際にScamperを動かしながらROSの学習を進めますが，Scamperを

お持ちでない方でもROSの基礎を押さえることができる構成になっていますので，ご安心ください．

なお，本書はあくまで「ROS」の入門者向けですので，C/C++言語を使ったプログラムを一切作成したことがない方やUnixシステム（Linux OS）にまったく触れたことがない方には難しい内容もあるかもしれません．それでも，この本を手に取っているということは，きっとロボットプログラミングに興味をお持ちの方だと思います．C/C++やUnixシステムの入門書を片手に持ちながらでも構いませんので，ぜひこの機会にロボットプログラミングの世界に一歩足を踏み入れてみてはいかがでしょうか？

1.1 ROSについて

ROSは「Robot Operating System」の略で，近年世界中で注目を浴びているロボット用のミドルウェアです．名前に「Operating System」という情報が含まれているため，WindowsやMac，Linuxのような，コンピュータにインストールするロボット用の新しいOSかと思われる人もいるかもしれませんが，実際にはそうではありません．ROSは，既存のOS上で動作するロボット用のフレームワークです．

ロボットのハードウェアはさまざまなパーツの組み合わせで構成されています．例えば，**図1**に示すロボットは屋外用の自律走行ロボットですが，大きく分類すると以下の要素が組み合わさって，自律走行という一つの機能を持ったロボットとして動作します．

- 台車ロボット
- LiDAR（レーザーセンサー）
- USBカメラ

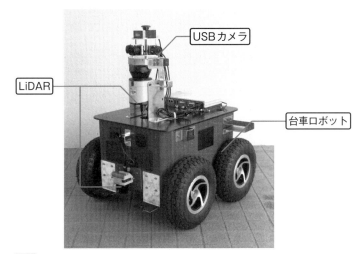

図1 自律走行ロボット

ロボットを動かすためのソフトウェアもパーツを組み合わせるだけで実装できたらとても簡単ですよね．それを実現してくれるのがROSです．ROSには大きく分けて3つの機能があります．

■ モジュール間通信ライブラリ

モジュール間通信ライブラリのおかげで，大きな機能（ソフトウェア）が小さな機能（モジュール）の組み合わせにより実装できるようになっています．図1の自律走行ロボットを例に簡単に説明すると，「台車を動かす」「USBカメラの画像を取得する」「LiDARのデータを取得する」「障害物を検出する」「ロボットの現在位置を推定する」「目標地点までのナビゲーションをする」などの小さな機能を持ったモジュール同士でプロセス間通信を通してデータのやりとりを行い，全体で一つの大きなソフトウェアとして機能させているということです．

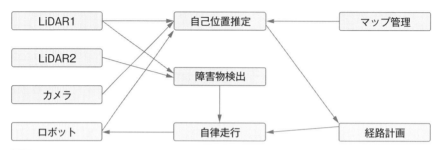

図2 自律走行ロボットのモジュール構成の例

「プロセス間通信をさせるだけなら別にROSを使う必要はないのではないか」と思われるかもしれませんが，ROSでは通信プロトコルが厳格に定義されているため，他のユーザが作ったROSモジュールでも親和性が高く，自分のソフトウェアにパーツとして組み込みやすくなっています．作ろうとしているソフトウェアのすべてを自分で作るのではなく，他のユーザが作ったモジュールを活用して作れるため，開発がしやすくなります．

プログラミング言語についても標準でC/C++，Pythonに対応しており，プロセス間通信でモジュール間のデータのやりとりを行っているため，自分がC/C++であるモジュールを開発し，他の人がPythonで別のモジュールを開発したとしても容易に組み合わせることができます．

■ パッケージ管理

ROSはパッケージ管理に力を入れているため，他の人が作ったモジュールが非常に利用しやすい形になっています．世界中の人がROSのパッケージを作成し無料で公開しており，それらを自分のロボットに組み込めると考えるとワクワクしてきませんか？学会などで発表された最先端のアルゴリズムも次々とパッケージが公開されており，ROSを利用することで最先端の技術をいち早く取り入れることができるというメリットもあります．

■ デバッグ用ツール群

ROSにはデバッグを行ううえで非常に役立つツールが多数用意されており，データの流れを可視化したり，データのログを取ったりすることが簡単にできます．ロボットを動かしながらデバッグをしなければならないような場合，これらのツールは大変役立ちます．シミュレーション環境については「Gazebo」というシミュレータをサポートしており，実際に手元にロボットがなくてもシミュレーション上でロボットの動作をテストすることが可能です．

1.2 Scamperについて

　Mercury Robots「Scamper」シリーズは全方向移動機構を有する屋内向け移動ロボットプラットフォームです．リバスト社で開発・販売されており，図3に示すように，オムニホイールを装備した3輪タイプとメカナムホイールを装備した4輪タイプの2種類がラインナップされています．

図3 Mercury Robots「Scamper」

表1 Scamperのスペック

種類	Scamper O-308	Scamper M-406
全長	290 mm	310 mm
全幅	290 mm	320 mm
高さ	135 mm	138 mm
最低地上高	30 mm	30 mm
車輪種類	Omni（オムニ）ホイール	Mecanum（メカナム）ホイール
車輪直径	100 mm	100 mm
モータ	エンコーダ付きDCモータ×3	エンコーダ付きDCモータ×4
最大速度	約 250 mm/s	約 250 mm/s
最大動作時間	約 180 分	約 180 分
センサー	超音波センサー×3	超音波センサー×4

　いずれのロボットにもRaspberry Pi 3およびリバスト社オリジナルのRaspberry Pi 3に搭載可能な4chモータドライバが搭載されており，Raspberry Piを介してロボットのプログラム開発を行うことができます．搭載されているRaspberry PiにはOSとして「Raspbian Jessie」がプリインストールされており，Wi-Fiネットワーク経由でリモートアクセス可能です．Linuxは独特の面倒な設定が必要ですが，すべて完了した状態で販売されているため，購入してすぐにロボットを動作させることができるようになっています．

　Raspberry Piを搭載しているためUSB，Ethernet，I2Cポートなどが利用でき，カメラや2D-LiDAR，ジョイスティックなど，マイコンを用いて構成されている従来のロボットには搭載できないようなデバイスを容易に接続できます．ロボット本体の拡張性が高く，Arduinoやmbedといったマイコンを用いたロボットよりも高度なロボット制御を行ってみたいという方にオススメです．

　もちろんROSにも対応しており，現在のバージョン1.0.0ではROS（Indigo），ROS（Kinetic）

の2種類がプリインストールされています．ロボット本体，周辺センサーのROSパッケージもプリインストールされているため，ROSのコマンドを用いて簡単に動作の確認をすることもできます．

Scamperは，ロボット単体でのスタンドアローンなプログラム開発から，リモートPCと連携した分散処理，複数台のScamperを連動させた協調動作などさまざまなスタイルでロボットの開発を行うことができます．

Scamperの特長をまとめると以下のようになります．

・ROSを用いてロボット開発ができる
・Wi-Fi経由でロボット-PC間/ロボット-ロボット間の連携ができる
・カメラを用いて画像処理を行える
・USB/Ethernet/I2Cポートが使用でき，拡張性が高い
・専用ドライバによってモータ制御が滑らかにできる

また，オプションでの購入になりますが，Scamperにはステレオカメラ，2D-LiDARを取り付けることもできます（**図4**）．

本書の第3部では，このステレオカメラを用いてRaspberry Piで動作するステレオ画像処理を行います（なお，第12章までは市販のUSBカメラでも同様の処理が実現できます）．「Raspberry Piでステレオ画像処理なんてまともに動作しないんじゃないか」と思われるかもしれませんが，アルゴリズムを工夫すれば十分動作させることができます．第3部はROSに加えて，画像処理による制御が多くなっていますので，ロボットビジョンに興味がある方は楽しみにしていてください．

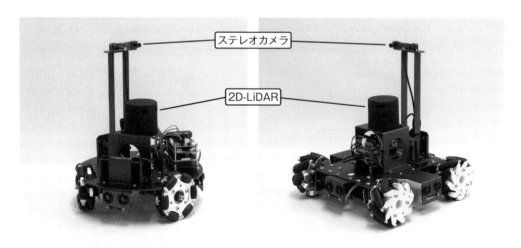

図4 ステレオカメラ，2D-LiDAR

1.3　ROSを利用して動作しているロボットの例

世界中で使われているROSですが，実際にはどのようなロボットに使われているのでしょうか？公式サイトからROSに対応しているロボットを確認できます．

● ROS対応のロボット
https://robots.ros.org/

ここに載っているものの大半は，プラットフォームとして使われているケースが多く，研究・教育用の傾向が強いロボットです．

ROSを利用してソフトウェアが構成されているロボットの中で最も有名なものの一つにSonyの新型aiboがあります．これまで研究・教育向けのロボットでROSが使われているという事例は多くありましたが，一般向けに販売されるロボットにROSが使われることはなかったため，このことには大きな意味があります（そもそも一般向けのロボットというもの自体が少ないです）．また，工場内や倉庫などで働く産業用ロボットの分野では，Amazonなどですでに，物流補助を目的とした自律移動ロボットがROSを用いて開発されています．

では，具体的にどのようにROSが使われているのでしょうか．筆者が開発を行っている自律走行ロボットを例に紹介します．筆者は「つくばチャレンジ」という自律走行ロボットの公開実験に毎年参加しています．つくばチャレンジは人間の生活する環境内で安全確実に動作するロボットを開発する技術を育む実験走行会として，毎年つくば市で開催されています．つくばチャレンジでは普通に人間が生活している空間――公園や遊歩道，ショッピングセンターなどを，人間が一切操縦することなく，ロボットが自律的に走行するという課題が与えられています．走行のタイミングによって何が起こるか想定できず，例えばロボットの前を急に自転車が横切ったり，ロボットの周りに子供が集まってきたりするリアルワールドの環境でロボットに自律走行をさせるのは，まさに「チャレンジ」といえます．

また，近年のつくばチャレンジでは特定の人物の検出や歩行者用信号の状態を認識するなどという課題も追加されています．ソフトウェアを組む側は，課題を達成するために必要な機能をモジュールに分けて自律走行のためのソフトウェアを構成する方針をとる必要があり，ROSの考え方と非常にマッチするようになってきています．

実際に筆者がつくばチャレンジ用に開発しているロボットを図5に示します．このロボットの自律走行ソフトウェアはROSで構成されています．つくばチャレンジには50を超えるチームが参加していますが，最近はROSを使うチームが増えてきており，他のチームが作ったROSパッケージを別のチームが使うなど，チーム間でのモジュールの共有を行うということも珍しくありません．これはROSならではのことで，皆で協力してよりよいソフトウェアを構成していける点が，ROSのよいところです．

筆者の開発しているロボットの，つくばチャレンジの課題を達成するためのモジュール構成は，図6（上）のようになっています．ロボットのセンサーとしては，LiDARとカメラがメインで使われています．現在はLiDARでロボットの自己位置推定を行っていますが，今後カメラで

第1章 はじめに

自己位置推定する方法に切り替えたい場合は「自己位置推定」モジュールを新規に作成して置き換えるだけでよく（図6（下）），また入出力の「型」を合わせておけば，Webで公開されている他の誰かが作った自己位置推定モジュールを試すことも簡単にできます．

このように，ロボットのソフトウェア開発にROSを使うことで，さまざまなモジュールの組み合わせを試せるという大きなメリットが得られます．ぜひマスターしてロボット界に貢献してもらえたら嬉しく思います．

図5 つくばチャレンジに参加しているロボット

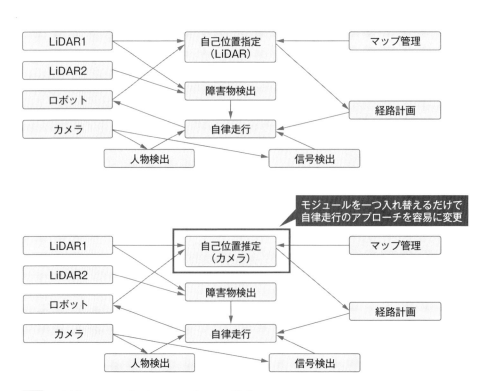

図6 つくばチャレンジのためのモジュール構成

1.4　本書で学習をする際に用意するもの

　本書ではリバスト社の「Scamper」をモデルとしてROSの使い方を解説しています．ScamperにはRaspberry Piが搭載されており，ロボット単体でプログラム開発を行うことも可能ですが，筆者の経験上，ロボット本体にモニターを接続してロボットに張り付いてデバッグをするというのは，開発方法として効率が悪いです．特に小型のロボットの場合，モニターを搭載するスペースもままならないですのでなおさらです．そこで，本書ではホストとなるPCを別に用意し，PCからRaspberry Piにsshやリモートデスクトップでアクセスして，リモート環境でコーディングやデバッグを行います．その際に必要となるものについて説明します．

■ Mercury Robots「Scamper」

　ScamperにはROS (Kinetic)，ROS (Indigo) がプリインストールされたRaspberry Piが搭載されています．本書の2章，3章で説明するRaspberry PiのセットアップやROSのインストールをする必要がなく，すぐにROSの学習を始められます．

■ 開発用PC

　開発用PCは**表2**のスペックを満たすものをご用意ください．コーディング等の開発作業は開発用PCからRaspberry Piにリモートアクセスして行うので，なるべく使いやすいものを選びましょう．また，9章では，開発用PCにもROSをインストールし，ROSの「分散機能」を使ってRaspberry Piと連携処理しますので，それなりのスペックがあるものが望ましいです．

　OSに関しては，Ubuntu 16.04以外を選択するとROSの環境を構築する際につまずいてしまう可能性がありますので，LinuxシステムやROSに熟練している方以外は必ずUbuntu 16.04をインストールしてください．

　また，以降の説明では開発用PCを指して「Ubuntu PC」と呼ぶことがありますが，予めご了承ください．

表2 開発用PCの推奨環境

CPU	Intel i3，i5，i7シリーズ
メモリ	4GB以上
HDD容量	50GB以上
ネットワーク	インターネットに接続可能であること
OS	Ubuntu 16.04

第1章 はじめに

■ 無線LANルーター（DHCP機能が有効なもの）

開発用PCからRaspberry Piにアクセスするために利用します．DHCPで自動的にIPアドレスが割り振られる設定を有効にしておいてください（デフォルトで設定されていることが多いです）．もし企業や大学などで特殊な設定がされている場合はネットワーク管理者の方にご相談ください．

■ インターネット接続が可能な環境

開発用PCへのROSのインストール等でインターネット接続が必要になります．また，ダウンロード容量もそれなりに大きいですので，容量制限のあるモバイルネットワークではなく固定回線を使用することを推奨します．

なお，本書はScamperの代わりにRaspberry PiがあればROSの基本的な機能の学習を行えるような構成となっています．その場合，下記の3点をご用意ください．

※ Scamperをお持ちの方は以下のものは不要です．

■ Raspberry Pi 3

近年注目を浴びているシングルボードコンピュータで，Scamperにも搭載されています．日本国内ではAmazonや秋月電子で入手可能です．Raspberry Piにはいくつかのバリエーションがありますが，本書のセットアップ手順で行き詰まらないように，Raspberry Pi 3 Model Bを購入してください．Model B＋ではなく，「Model B」を購入します．間違って購入しないように気をつけてください．

■ マイクロSDカード（16GB以上）

Raspberry Pi用のOSを書き込んで使用します．ここで容量の少ないものを選択してしまうとROSがインストールできないなどの問題が発生しますので，必ず16GB以上のマイクロSDカードをご用意ください．また読み込み速度が若干速くなりますので，CLASS10仕様のものを購入することをオススメします．

■ Raspberry Pi用USB電源

Scamperではロボット本体のリチウムポリマーバッテリーからRaspberry Pi用の電源を供給しますが，Raspberry Pi単体で利用するためには，Raspberry PiのマイクロUSB端子から5V電源を供給する必要があります．Raspberry Pi 3では最大消費電力が12.5Wと大きな電力になっていますので，PCのUSB端子はもちろん，スマートフォンの充電用USBアダプタでも出力が不足する可能性があります．機器の故障につながりますので，必ず出力電圧5Vで2.5A以上の電流を出力できるUSB電源をご用意ください．

Scamperの代わりにRaspberry Piを用いる場合，2章のRaspberry Piのセットアップ，3章のROSのセットアップの内容に従ってROSプログラミングができる環境を整えてください．

column

本当にROSがRaspberry Piで動くの？

◆ Raspberry Piのスペックについて

　本書ではRaspberry PiでROSプログラミングの学習を進めていますが，根本的な問題として「本当にROSがRaspberry Piで動くの？」という疑問が浮かぶ読者の方もいるかと思います．現在販売されているRaspberry Pi 3は発売当初のRaspberry Pi 1に比べればCPUのコア数も4倍に増え，クロック周波数も向上しましたが，それでも近年のPCと比べるとスペックはかなり見劣りします（詳しいスペックは第2章で説明します）．また，ROSを実際に使ったことがない方，もしくは少ししか触れたことがない方からすると，ROSは動作が重い（要求スペックが高い）という印象を持つかもしれません．

◆ ROSは動作が重いのか？

　ロボット界隈に身をおいていると，「ROSは重くて使えない」というようなことを時々耳にしますが，そんなことはありません．そのような印象を持ってしまっているのは，ROSが重いのではなく，ROSを利用して作られたソフトウェアの一部が重いためではないでしょうか．例えばROSで利用可能な有名なシミュレーションソフト「Gazebo」は非常に要求スペックが高く，とてもRaspberry Piで動かすことはできません．また，本書でも扱いますが，カメラのキャリブレーション用のソフトも演算コストが高く，Raspberry Piで動かすのは厳しいでしょう．しかし，ROSのコア機能であるモジュール間の通信は動作が軽く，Raspberry Piのような低スペックのシングルボードコンピュータでも十分に機能しますので安心してください．

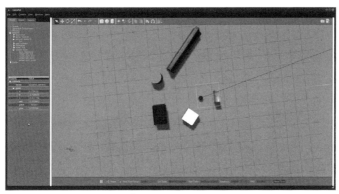

シミュレーションソフト「Gazebo」

◆ Raspberry Piでどのくらいのことまでできるの？

　具体例を示すのが難しいですが，アルゴリズムを工夫すれば，本書で紹介するようにステレオカメラを用いた物体追従なども可能です．また，完走には至りませんでしたが，筆者は処理用のコンピュータにRaspberry Piのみを搭載した自律走行ロボットでつくばチャレンジに参加し，最高で約1kmの自律走行をさせたこともあります．もちろんできないことも多々ありますので，そこはROSの分散処理機能をうまく使いこなしてユニークなロボットシステムを構築してみてください．

第 1 部　ROSを勉強するための準備編

第 2 章

Raspberry Piのセットアップ

　Raspberry Piはシングルボードコンピュータと呼ばれる小型コンピュータの一種で，**図1**のように，一枚の基板上にCPUやUSB，LAN，HDMI，GPIOなどの各種インターフェースが搭載されています．

図1 Raspberry Pi

　表1に示すようにRaspberry Piは最近のPCと比べると性能が低く高度な演算処理を行わせることはできません．その反面，一般的なPCでは利用が難しいシリアル通信（UART，I2C，SPIなど）や汎用I/Oなどが利用できます．これらの機能はロボットを制御するうえで必須ともいえる機能で，これまではArduinoやmbedなどのワンボードマイコンが広く利用されてきました．Raspberry Piは一般的なPCのように高度な演算処理はできませんが，Arduinoやmbedなどのマイコンに比べれば遥かに性能が高く，組み込み用途としても利用できるため，ちょうどPCとマイコンの中間くらいのイメージで使うことができます．

表1 Raspberry Piの性能比較

	筆者使用のノートPC※	Raspberry Pi 3	Arduino Mega
CPU	2.3GHz（2コア4スレッド）	1.2GHz（4コア4スレッド）	16MHz（1コア1スレッド）
メモリ	8GB	1GB	8KB
USB	USB3.0×3	USB2.0×4	-
Ethernet	-	100Mbps×1	-
GPIO	-	28	54
UART	-	1	4
I2C	-	1	1
SPI	-	1	1
消費電力	40W	12.5W	0.5W

※ Dell Inspiron 13

　さて，Raspberry Piは電源につなげばすぐ利用できるのかというと，そんなことはありません．OS（オペレーティングシステム）のダウンロードとSDカードへの書き込み，OS起動後の各種設定など，あれこれと前準備が必要です．Raspberry Piはシングルボードコンピュータの中では，専用のOSが比較的作り込まれていて扱いやすいのですが，それでもUnixシステムに不慣れな人にとっては「なんだこれ？」状態になってしまうかもしれません．

　本章ではUnixシステムに不慣れな人でもOSのダウンロードからシステムの設定，さらには別のPCからRDP（リモートデスクトップ）接続できるようにカスタマイズして，今後のROSを用いたプログラム開発が快適になるようなRaspberry Piの環境を構築します．

2.1　OSイメージの書き込み

　Raspberry Pi本体にはeMMCなどの内蔵ストレージは搭載されていないため，マイクロSDカードにOSイメージを書き込んで使用します．繰り返しになりますが，デスクトップ環境やROSの環境を構築するため，16GB以上のマイクロSDカードを使用するようにしてください．

　Raspberry PiではいくつかのOSを選択できるのですが，本書ではラズベリーパイ財団が推奨している「Raspbian」というOSを採用します．Raspbianは「Debian」と呼ばれる有名なLinuxディストリビューション（Linuxの種類のようなもの）をRaspberry Pi用に最適化したOSで，Raspberry Pi固有の機能が非常に利用しやすくなっています．Raspbianにはいくつかバージョンの種類がありますが，ここでは「Jessie」と呼ばれるバージョンを使用します．この他にも「Wheezy」「Stretch」などのバージョンがありますが，ここで違うバージョンを選択してしまうと，以降の設定やROSのセットアップがうまくいかない可能性があります．必ず「Jessie」を選択するようにしてください．

　まず，OSイメージのダウンロードを行います．Raspbian公式サイトのダウンロードページからは最新バージョンのOSイメージしかダウンロードできませんので，アーカイブページより過去のバージョンのイメージをダウンロードします．

● Raspbian アーカイブページ

http://downloads.raspberrypi.org/raspbian/images/

アーカイブページには過去にリリースされてきたRaspbianがすべて公開されていますが，本書ではこの中の「raspbian-2017-07-05/」からOSイメージをダウンロードします．実際にダウンロードするファイル名は「2017-07-05-raspbian-jessie.zip」です．容量が約1.5GBと大きいですので，容量制限のあるネットワークを使用している場合は注意してください．なお，ここでは「ホーム/Downloads」ディレクトリに保存することとします．

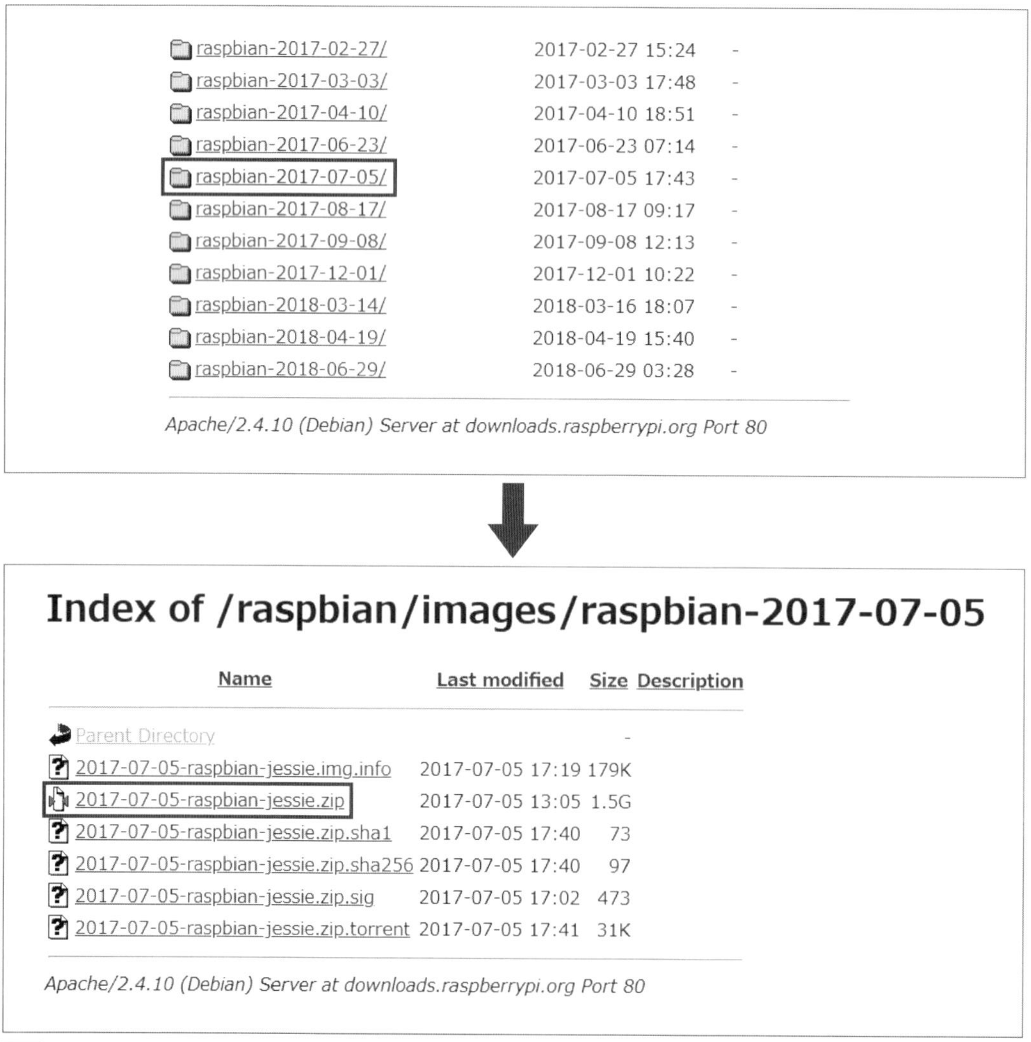

図2 RaspbianのOSイメージをダウンロード

ダウンロードが完了したらzipファイルの解凍を行います．GUIのファイルマネージャ上から解凍してもよいですが，今後はターミナル（以降，端末）でのコマンド操作が多くなりますので，慣れておくため，unzipコマンドを用いて解凍を行います．Ubuntuデスクトップのランチャー

一番上の「コンピュータを検索」をクリックして，検索バーに「terminal」と入力します．候補の中から「端末」を選択すると起動します．

図3 端末を開く

次回以降，ランチャーから端末を起動できるように，ランチャーアイコンの右クリックメニューから「Launcherに登録」を選択します．

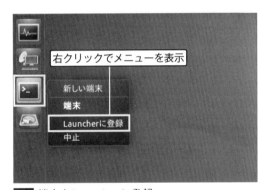
図4 端末をLauncherに登録

起動した端末に以下のコマンドを入力してダウンロードしたzipファイルの解凍を行います．

```
cd ~/Downloads
unzip 2017-07-05-raspbian-jessie.zip
```

上のcdコマンドで使われている「~」はホームディレクトリ（/home/ユーザ名/）を表しています．また，端末でのコマンド入力はキーボードのTABキーでの補完が効きます．例えば「cd ~/Dow」まで入力してTABキーを押すと，他にDowで始まるディレクトリがなければ，自動的に「cd ~/Downloads」と補完してくれます．コマンド入力で長いファイル名などをそのまま入力するのは大変ですが，TABキーによる補完を利用すれば，簡単にコマンドを打ち込むことができます．コマンド入力で困ったら，とりあえずTABキーを押してみる癖をつけましょう．

無事zipファイルが解凍されるとDownloadsディレクトリに「2017-07-05-raspbian-jessie.img」というファイルが生成されます．このimgファイルをマイクロSDカードに書き込みます．マイクロSDカードへの書き込みは「dd」コマンドで行います．ddコマンドを使う前にPCに接続されているすべての記憶メディア（外付けハードディスク，USBメモリ等）を外しておきましょ

う．これはddコマンドにより，別の記憶メディアに誤ってOSイメージを書き込んでしまわないようにするためです．筆者は過去に外付けハードディスクにRaspbianのOSイメージを書き込んでしまい復旧不可能となった経験から，OSイメージを書き込む際には必ず外付けの記憶メディアは外すようにしています．

まず，マイクロSDカードを接続する前に端末に以下のコマンドを入力し，接続されているメディアのデバイスファイル名を確認します．

```
sudo sfdisk -l    ←lは小文字のエル
```

実行結果の「Disk」の後に表示されるのがデバイスファイル名です．ディスクが1つしか内蔵されていないPCの場合は，たいてい「/dev/sda」と表示されるかと思います．

次に，OSイメージを書き込むマイクロSDカードを接続して端末から同じコマンドをもう一度入力します．図5に示すように，追加で表示されるようになったものが接続したマイクロSDカードです．筆者の環境ではデバイスファイル名は「/dev/mmcblk0」でしたが，環境により「/dev/sdb」，「/dev/sdc」などと本書の例とは異なるデバイスファイル名で表示される可能性もあります．また，「デバイス」の下に表示されているのはパーティション名で，筆者の環境では「/dev/mmcblk0p1」となっています．こちらの名前も各自の環境で確認をしておいてください．

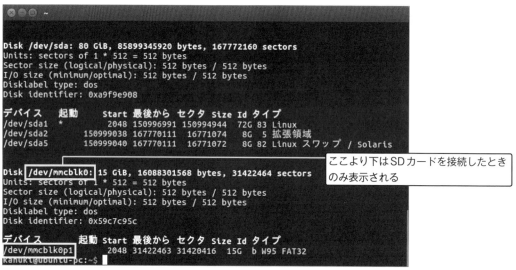

図5 デバイスファイル名の確認

2.1 OSイメージの書き込み

OSイメージ書き込みの前にディスクのアンマウントを行っておきます．/dev/mmcblk0p1の部分はumountコマンドに確認したパーティション名を入力します．

```
sudo umount /dev/mmcblk0p1
```

アンマウントが問題なくできたらddコマンドを入力してOSイメージを書き込みます．umountコマンド同様，/dev/mmcblk0の部分は各自のマイクロSDカードのデバイスファイル名を入力します．ここでもTABキーによる補完は有効ですのでどんどん利用していきましょう．

```
sudo dd if=~/Downloads/2017-07-05-raspbian-jessie.img of=/dev/mmcblk0 bs=8M
```

書き込みは環境にもよりますが，10～30分程度で終わります．ddコマンドでは途中経過が表示されないため，なかなか書き込みが終わらないと不安になります．そのような場合は端末上で「CTRL + SHIFT + N」キーを入力して新しい端末を起動し，新しいほうの端末に以下のコマンドを入力すると，ddを実行しているほうの端末に現在の進捗状態が表示されます．

```
sudo pkill -USR1 dd
```

【ddコマンドを実行している端末での表示例】
```
271+0 レコード入力
271+0 レコード出力
2273312768 bytes (2.3 GB, 2.1 GiB) copied, 93.7101 s, 24.3 MB/s
```

書き込みが完了するとUbuntuのランチャーにSDカードのアイコンが2つ表示されます．もし表示されない場合，SDカードを一度取り外してから再度接続してみてください．2つあるうちのbootと表示されているほうのアイコンをクリックし，bootパーティションを開きます．図6のように何もない場所で右クリックして，メニューから「新しいドキュメント > 空のドキュメント」を選択し「ssh」と名前をつけて保存しておきます．内容は編集しなくて問題ありません．sshという名前の空のファイルを作成するだけでOKです．

この作業をすることによって，sshコマンドでホストPC (Ubuntu PC) からRaspberry Piに接続できるようになります．次は初期設定を行いますが，ホストPCからssh接続を行って進めてみましょう．

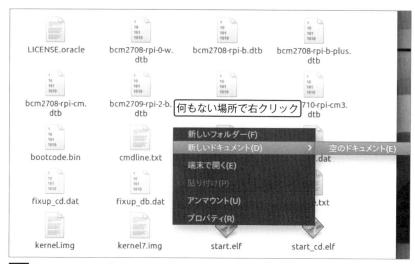

図6 sshファイルの作成

2.2 Raspberry Piの初期設定

■ 電源の投入

　Raspberry Piの初期設定を行います．前節でRaspbianのOSイメージを書き込んだマイクロSDカードをRaspberry PiのマイクロSDカードスロットに装着します（**図7**）．電源を入れる前にRaspberry Piと無線LANルーターをLANケーブルで接続しておきます．このとき，Ubuntu PCとRaspberry Piが同一ネットワークに属するようにしてください．よくわからない場合はPCとRaspberry Piを同じルーターに接続しておけば問題ありません．

　ここまでできたらUSB経由（マイクロUSB端子）で電源を供給します．Raspberry Pi 3は消費電力が最大で12.5Wとなっているため，5V/2.5A以上の電力を供給できる電源に接続してください．間違ってもPCのUSB端子には接続しないでください．

図7 マイクロSDカードの装着

電源を入れると，マイクロUSB端子近くにある赤色のLEDが点灯し，緑色のLEDは点滅を開始します．赤色のLEDは電源がつながっている間ずっと，緑色のLEDはマイクロSDカードへのアクセス時に限って光るようになっています．

■ sshコマンドによるログイン

Raspbianの起動は20秒程度で完了し，Ubuntu PCからリモートアクセスできるようになります．今回はsshという通信方法でUbuntu PCからRaspberry Piにアクセスしてみます．Ubuntu PCの端末から以下のコマンドを入力してください．なお，以降のコマンド入力はUbuntu PC上で入力するのかRaspberry Pi上で入力するのか区別するために，コマンドの左端にU $ (Ubuntu PC) またはR $ (Raspberry Pi) をつけて表記します．実際に入力するのは太字部分のみですので，注意してください．

```
U $ ssh pi@raspberrypi.local
```

「pi@raspberrypi.local's password:」と表示されるのでデフォルトのパスワード「raspberry」を入力します．もしこのような表示が現れない場合，Ubuntu PCとRaspberry Piが同一ネットワークに属していない可能性があります．パスワードを入力して，端末のメニューが「pi@raspberrypi:~」に変わっていればssh経由でのアクセスは成功です．

■ パスワードの変更

デフォルトのパスワードをそのまま使い続けるのはセキュリティ上よくないですので，パスワードの変更を行います．Raspberry Piにはデフォルトで「raspi-config」と呼ばれるツールがインストールされており，複雑なLinuxの設定が簡単にできるようになっています．raspi-configは管理者権限で行う必要があるため，sudoをつけて以下のコマンドを入力すると，ツールが起動します．

```
R $ sudo raspi-config
```

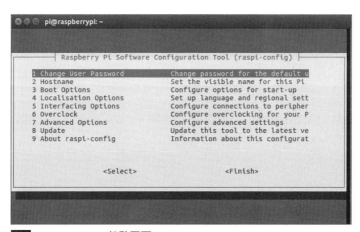

図8 raspi-configの起動画面

図8のように「1 Change User Password」を選択<Select>する（選択肢にカーソルを合わせる→Enterキーを押す→画面下部<Select>にカーソルが移動する→Enterキーを押す）と，「You will now be asked to enter a new password for the pi user」とメッセージが表示されます．もう一度Enterキーを押すと，端末ウィンドウに切り替わり，下記の内容が表示され，パスワードを変更できます．なお，セキュリティの関係でキーボードから入力を行っても文字は表示されず，入力した文字が確認できませんので，打ち間違いに気をつけて入力してください．

【パスワードの変更】
```
Enter new UNIX password:(新しいパスワードを入力)
Retype new UNIX password:(↑で入力したパスワードをもう一度入力)
```

「Password changed successfully」と表示されればパスワードの変更は完了です．

続けて，rootアカウントのパスワードも変更します．rootアカウントは非常に強力な権限がありますので，パスワードも推測しづらい強固なものをつけるようにしてください．raspi-configから一旦抜け（raspi-configトップ画面で矢印「→」キーを2回押す→画面下部<Finish>にカーソルが移動する→Enterキーを押す），以下のコマンドを入力してrootアカウントのパスワードを変更します．

```
R $ sudo passwd root
```

先程と同様の表示が現れますので，rootアカウント用として設定したいパスワードを入力します．

【パスワードの変更】
```
Enter new UNIX password:(新しいパスワードを入力)
Retype new UNIX password:(↑で入力したパスワードをもう一度入力)
```

■ パーティションの拡張

マイクロSDカードの容量をフルで使えるようにパーティションの拡張を行います．マイクロSDカードにOSイメージを焼いたばかりの状態ではパーティションの容量が5GB程度しかなく，空き容量は1GB程度しかありません．まず，raspi-configを起動してください．

```
R $ sudo raspi-config
```

raspi-configのトップ画面で，矢印キーを使って「7 Advanced Options」にカーソルを合わせ，Enterキーを押します（図9）．

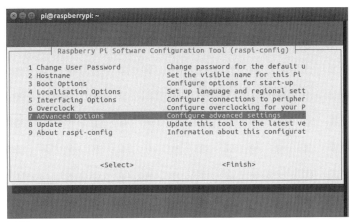

図9 Advanced Options の選択

次の画面で，「A1 Expand Filesystem」を選択<Select>すると，「Root partition has been resized. The filesystem will be enlarged upon the next reboot」とメッセージが表示されます．Enterキーを押すと，再びraspi-configのトップ画面に戻ります．ここで，raspi-configを終了<Finish>しますが，再起動の確認メッセージ「Would you like to reboot now?」が表示されますので，<Yes>を選択してください．

Raspberry Piの再起動が開始され，Ubuntu PCとRaspberry Piのssh接続が一度切断されます．30秒ほど待機して再度sshコマンドでRaspberry Piに接続します．Raspberry Pi上で以下のコマンドを入力して，パーティションが拡張されていることを確認します．

```
R $ df -h
```

【dfコマンドの実行結果の例】
```
Filesystem      Size  Used Avail Use% Mounted on
/dev/root        15G  3.8G   11G  27% /
```

本書では16GBのマイクロSDカードを使っているため，例のようにUsed＋Availの容量が約15GBになっていれば容量の拡張は正常に行えています．

■言語と地域の設定

Raspberry Piで用いる言語等の設定を行います．raspi-configを起動して「4 Localisation Options」を選択<Select>します（**図10**）．

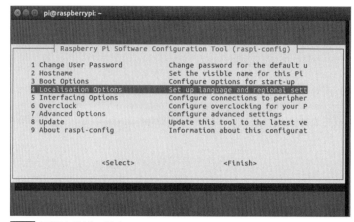

図10 言語と地域の設定

次の画面で「I1 Change Locale」を選択<Select>すると，言語の選択画面が現れます．デフォルトでは「en_GB.UTF-8 UTF-8」にチェックが入っていますので，チェックを解除してください（矢印「↑」「↓」キーまたはPageUp，PageDownキーで移動し，カーソルを合わせる→スペースキーを押す→チェックON/OFFが切り替わる）．その後，「ja_JP.UTF-8 UTF-8」という項目を探してチェックを入れ，Enterキーを押します（図11）．

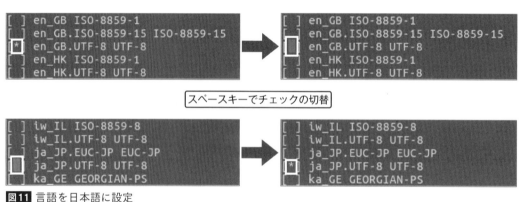

図11 言語を日本語に設定

システム全体で使用する言語は，「ja_JP.UTF-8」を選択します（図12）．

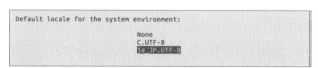

図12 システム全体で使用する言語を日本語に設定

端末ウィンドウに切り替わり，言語の設定が行われます．設定が完了するとraspi-configのトップ画面に戻ります．

続いてタイムゾーンの設定を行います．先程と同様にraspi-configのトップ画面から「4 Localisation Options」を選択<Select>します．次の画面では「I2 Change Timezone」を選択

<Select>します．地理的領域を選択する画面では「Asia」を，時間帯を選択する画面では「Tokyo」を選択します（**図13**）．

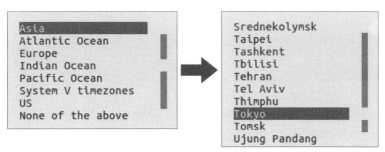

図13 タイムゾーンを東京に設定

最後にWi-Fiのカントリーコードを設定します．raspi-configのトップ画面から「4 Localisation Options」>「I4 Change Wi-fi Country」と進み設定を行います．リストの中から「JP Japan」という項目を選択します（**図14**）．

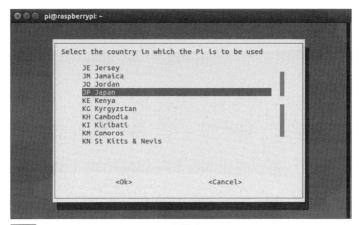

図14 Wi-Fiのカントリーコードを設定

2.3 リモートデスクトップ接続の有効化

　Raspberry Piの初期設定，お疲れ様でした．ssh接続でRaspberry Piにリモートアクセスした場合，すべての作業をコマンド入力で行わなければならず，Unixシステムに慣れていないと大変かと思います．「せっかくRaspbianのデスクトップ環境があるのになんで使わないの？」と言われてしまいそうですね．そろそろデスクトップ環境が使えるように設定しましょう．

　本書ではRaspberry PiをScamperのような小型ロボットに搭載して使用することを想定しており，ロボットのそばに張り付いてモニターを見ながら作業しなくてもよいように，ホストPCからRaspberry Piにアクセスしてすべての作業を行えるようにしています．Linuxでリモートアクセスする際に一番手っ取り早く簡単に使えるのがssh接続であるため，ここまでの初期設定はすべてssh経由でRaspberry Piにログインしてコマンドベースで行ってきました．ここからは

Raspberry Piにリモートデスクトップを導入しますので，GUI上でさまざまな作業が行えるようになります．

◼ xrdpの導入

　Raspberry Piでリモートデスクトップ接続を有効にするためにxrdpというツールを導入します．xrdpはオープンソースで開発されているリモートデスクトッププロトコル（RDP）のサーバーソフトウェアで，Raspberry Pi上でビルドしてインストールすることができます．xrdpを導入することで，UbuntuにデフォルトでインストールされているリモートデスクトップクライアントソフトゆRemminaやWindowsのゆリモートデスクトップ接続からRaspberry Piのデスクトップ環境にログインできるようになります．

　まず，Raspberry Piのソフトウェアをアップデートします．Ubuntu PCからRaspberry Piにsshコマンドでログインしてから，下記コマンドを入力してパッケージリストの更新とソフトウェアのアップデートを行ってください．これでsshを使うのも最後になりますので，もう少しだけコンソール画面にお付き合いください．

```
U $ ssh pi@raspberrypi.local
R $ sudo apt-get update
R $ sudo apt-get upgrade
```

　初回のソフトウェアのアップデートは時間がかかりますので，しばらく放置しておきます．
　次にxrdpをソースコードからビルドする際に必要となるソフトウェアのインストールを行います．インストールするソフトウェアが多いため，コマンドが長いですが，タイプミスをしないように気をつけてください．

```
R $ sudo apt-get install autoconf libtool libssl-dev libpam0g-dev libjpeg-dev libx11-dev ⏎
        libxfixes-dev libxrandr-dev flex bison libxml2-dev intltool xsltproc xutils-dev ⏎
        python-libxml2 xutils libfuse-dev libmp3lame-dev nasm libpixman-1-dev xserver-xorg-dev
```

※ レイアウトの都合上改行していますが，実際は1行で入力します．
※ 改行⏎前の「␣」は，半角スペースの入力を表します（以降同じ）．

　必要なソフトウェアのインストールが終わったらxrdpのソースコードをダウンロードしてビルド＆インストールを行います．ここではホームディレクトリのDownloadsディレクトリにxrdpおよびxorgxrdpのソースコードをダウンロードします．ソースコードのダウンロードはgitコマンドで行います．gitは後々ソースコードの管理をするうえでお世話になることも多いですので，少しずつ使い方に慣れていきましょう．

```
R $ cd ~/Downloads
R $ git clone https://github.com/neutrinolabs/xrdp.git
R $ git clone https://github.com/neutrinolabs/xorgxrdp.git
```

「git clone」の後にリポジトリ（ソースコードが保存されている場所）のアドレスを入力すると，現在のディレクトリにそのリポジトリがコピーされます．

まず，xrdpからビルド＆インストールを行います．cdコマンドでディレクトリを移動し，次のコマンドを入力してインストールを完了させます．

```
R $ cd ~/Downloads/xrdp
R $ ./bootstrap
R $ ./configure --enable-fuse --enable-rfxcodec --enable-mp3lame --enable-pixman --enable-painter
R $ make -j4
R $ sudo make install
```

makeコマンドでエラーが出てしまう場合，依存関係が満たされていない可能性があります．apt-get コマンドを打った際にタイプミスをしていないか，抜けがないかなど確認してみてください．

xrdpが問題なくインストールできたら，次はxorgxrdpをビルド＆インストールします．作業手順はxrdpとほぼ同じですが，makeコマンドを入力する前にダミーのヘッダファイルを作成しておきます．Raspbian Jessieではfontutil.hファイルが存在しないため，そのままmakeコマンドを入力するとエラーが発生してビルドが中断されてしまいます．実際にはxorgxrdpではfontutil.hはインクルードする必要のないファイルですので，以下のように空のダミーファイルを作成して対処しています．

```
R $ cd ~/Downloads/xorgxrdp
R $ ./bootstrap
R $ ./configure
R $ sudo touch /usr/include/X11/fonts/fontutil.h
R $ make -j4
R $ sudo make install
```

こちらも問題なくインストールできたら，xrdpのサービスを有効にします．サービスは以下のコマンドを入力するだけでOKです．一度入力してしまえば，次回のRaspberry Pi起動以降は常にxrdpサービスが有効になります．

```
R $ sudo systemctl enable xrdp
R $ sudo service xrdp start
```

■ xrdpの動作確認

Ubuntu PCからリモートデスクトップ接続でRaspberry Piに接続できるか確認を行ってみます．Ubuntuデスクトップのランチャーの一番上にある「コンピュータを検索」をクリックします．検索バーに「remmina」と入力し，「Remmina リモートデスクトップクライアント」を起動します（**図15**）．

図15 Remminaリモートデスクトップクライアントの起動

Remminaもこれからよく使いますので，ランチャーから起動できるように登録しておきましょう（図16）．

図16 RemminaをLauncherに登録

Remmina起動画面のツールバーから「新規」ボタンをクリックし，新しい接続先を作成します（図17）．

図17 新規接続先の作成

「リモートデスクトップの設定」ウィンドウが現れますので，次のように設定します．

2.3 リモートデスクトップ接続の有効化

表2 Remminaの設定

名前	RaspberryPi
プロトコル	RDP リモートデスクトッププロトコル
サーバー	raspberrypi.local
ユーザ名	pi
パスワード	piのパスワード
解像度	1024×768〜
色数	True Color（32bpp）
セキュリティ	RDP

解像度はお好みで設定して大丈夫です．リモートデスクトップ接続後に動作が重いと感じる場合は解像度を1024×768，色数をTrue Color（24bpp）に設定してください．

設定後は「接続」ボタンではなく「保存」ボタンをクリックして一度リモートデスクトップ接続の設定を保存しておきます（**図18**）．すると，**図19**のように「RaspberryPi」という接続先がRemminaに追加されます．表示されている「RaspberryPi」をダブルクリックすると，リモートデスクトップ接続が開始されます．

初めて接続する際には「証明書を受け入れますか？」とメッセージボックスが表示されますが，特に問題はありませんので，OKボタンをクリックします．

図18 Remminaの設定

図19 RaspberryPiへのリモートデスクトップ接続

　ここまでに行ってきたRaspberry Pi上でのxrdp，xorgxrdpのインストール，xrdpのサービスの登録が完了すると，**図20**のように，Ubuntu PC上にRaspberry Piのデスクトップ画面が表示されます．

　これでようやくsshログインから卒業できます．

図20 Raspberry Piのデスクトップ

　せっかくデスクトップ環境が利用できるようになったので，bashからでは設定が面倒な無線LANの登録もしてしまいましょう．なお，ScamperはRaspberry Piに搭載されている無線LANがDHCPサーバーとして使われていますので，一般の無線LANルーターに接続する際にはマニュアルに書いてある手順でDHCPサーバーの機能を無効化してください．

　デスクトップ上側にあるタスクバー右のネットワークアイコンをクリックし，**図21**のように利用可能なネットワークの一覧を表示します（画像にはモザイク処理をかけています）．

2.3 リモートデスクトップ接続の有効化

図21 利用可能なネットワークの一覧

接続したいネットワークの名前（SSID）をクリックすると，**図22**のようなパスフレーズを入力するウィンドウが現れます．パスフレーズを入力してOKボタンをクリックします．

図22 パスフレーズの入力

接続に成功すると**図23**のようにSSIDにチェックマークが付きます．以降はLANケーブルで接続しなくてもRaspberry Piにリモートデスクトップ接続できるようになります．

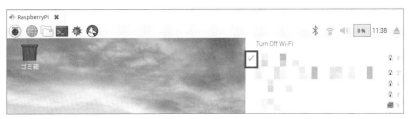

図23 無線LANの接続成功

以上でRaspberry Piのセットアップは終了です．無事にセットアップできたでしょうか？次章ではついにROSのセットアップを行います．セットアップの作業ばかりでつまらないかもしれませんが，ROSプログラミングを行うための準備だと思って頑張って進めましょう．

第1部 ROSを勉強するための準備編

第3章

ROSのセットアップ

　本章ではROSのインストールを行います．ROSにはいくつかのディストリビューションがあり，それぞれに「Hydro Medusa」「Indigo Igloo」「Jade Turtle」「Kinetic Kame」「Lunar Loggerhead」「Melodic Morenia」など，リリースの順番に対応するアルファベットを頭文字とする亀の名前が付いています．過去のディストリビューション名も調べてみると面白いです．

● ROSのディストリビューション一覧
　http://wiki.ros.org/Distributions

　本書では，ROSのディストリビューションのうち，公式で推奨されている「Kinetic Kame（以降はKineticと記述）」を採用します．
　ROSのインストール方法は，ソースコードからビルドしてインストールする方法，apt-getでパッケージとしてインストールする方法の2つです．ソースコードからビルドする方法は，次のような場合に行います．

- Raspbianのように，ROSがapt-getのパッケージとして配布されていない場合
- 旧バージョンのROSをインストールする場合
- OpenCVやBoostなどの依存ライブラリについて，ROS標準以外のバージョンを使いたい場合

　例えば，筆者の場合，画像処理ライブラリOpenCVで利用したい機能がROS標準のバージョンだと使えないため，毎回ソースコードからビルドしています．ただし，ソースコードからのビルドは，後からapt-getでパッケージを導入した場合に正常に動作しないことがありますので，特別な理由がない限りはapt-getでROSをインストールする方法が推奨されています．
　ROSの分散処理を試す際に使用しますので，Raspberry PiとUbuntu PCの両方にROSをインストールします．

3.1 ROSのインストール（Raspberry Pi編）

前述のように，Raspberry PiにインストールしたOS「Raspbian Jessie」の場合は，ROSをソースコードからビルドしてインストールしなければなりません．apt-getでのインストールに比べると手間がかかりますが，今後もLinuxでロボット開発を行っていくと，ソースコードからビルド&インストールする場面にはよく遭遇しますので，ここで慣れておきましょう．ROSはツール群がしっかりと作り込まれているので，きちんと設定すれば失敗することなくインストールできるはずです．

本書の内容でROS（Kinetic）がうまくインストールできない場合，ROS公式のWebサイトも併せて参考にしてみてください．

● Installing ROS Kinetic on the Raspberry Pi
http://wiki.ros.org/ROSberryPi/Installing ROS Kinetic on the Raspberry Pi

■ Raspberry PiのSWAP領域の調整

Raspberry PiはCPUがクアッドコアの1.2GHz，メモリが1GBと一般的なPCと比べるとだいぶ非力です．特にメモリが1GBしか利用できないため，規模の大きなプログラムをビルドしようとするとメモリ不足で停止してしまいます．実際にROSをソースコードからビルド&インストールしようとすると，途中でビルドが止まってしまいます．

そもそもRaspberry Piではメモリの増設ができないのだから，どうしようもないのではないかと思ってしまいますが，そこで「SWAP」の出番です．SWAPとはメモリが不足したときにメモリの中身を搭載されているディスク上に移動させる機能です．Raspberry Piの場合，メモリの中身をマイクロSDに移すことによってメモリ不足を回避することができるようになります．

まず，デフォルトの状態でどの程度のSWAP領域が確保されているのか確認してみます．Raspberry Piにリモートデスクトップ接続し，端末から以下のコマンドを入力します．Raspbianの端末は図1のようにして起動します．

図1 Raspbianでの端末の起動

```
R $ swapon -s
```

端末に以下のような表示が現れます．

```
Filename    Type    Size    Used    Priority
/var/swap   file    102396  0       -1
```

Sizeに注目すると「102396」とありますが，この単位はKBです．すなわちデフォルトの状態でのSWAP領域の大きさは100MBちょっとですね．メインメモリと足し合わせても1.1GB程度と心もとない容量ですので，SWAP領域を1GB程度に増やしておきます．メインメモリと合わせると2GBになりますので，よっぽどのことがない限りメモリ不足でOSが止まってしまうとい

うことはないでしょう．

SWAP領域は以下の手順でサイズを変更することができます．まず，SWAP領域の管理をしているサービスを停止します．

```
R $ sudo service dphys-swapfile stop
```

次にSWAP領域の設定を行っているファイル（/etc/dphys-swapfile）の編集を行います．管理者権限で編集を行う必要があるため，端末からsudoコマンドを使ってファイルを開きます．Raspbianのデスクトップ環境で、デフォルトで使えるエディタは「leafpad」です．

```
R $ sudo -E leafpad /etc/dphys-swapfile
```

編集内容は以下のとおりです．開いたファイルの16行目，CONF_SWAPSIZEの値を編集します．

【16行目　CONF_SWAPSIZEの編集】

```
CONF_SWAPSIZE=100
```

```
CONF_SWAPSIZE=1024
```

編集後，再度SWAP領域の管理をしているサービスを起動します．サービスの起動には時間がかかりますので，起動までしばらく待機してください．

```
R $ sudo service dphys-swapfile start
```

サービス再起動後，SWAP領域が正常に拡張されているか確認します．

```
R $ swapon -s
```

以下のように表示されれば成功です．

```
Filename     Type   Size      Used   Priority
/var/swap    file   1048672   0      -1
```

◾ OpenCV（3.2.0）のインストール

画像処理ライブラリOpenCVのインストールを行います．OpenCVはROSをインストールするときに自動的にインストールされるのですが，ROSに付属するOpenCVのバージョンではScamperのステレオカメラ画像を取得できなかったり，GUIの表示に問題が発生したりするため，安定して動作するバージョン3.2.0をインストールします．

まず必要なソフトウェアをインストールします．

3.1 ROS のインストール（Raspberry Pi 編）

```
R $ sudo apt-get install build-essential cmake-qt-gui pkg-config libjpeg-dev libtiff5-dev
     libjasper-dev libpng12-dev libavcodec-dev libavformat-dev libswscale-dev libv4l-dev
     libxvidcore-dev libx264-dev libgtk2.0-dev libatlas-base-dev gfortran python2.7-dev
     python3-dev python-pip python3-pip
```

※ レイアウトの都合上改行していますが，実際は1行で入力します．

次に，以下のコマンドを入力します．ここで，OpenCVのソースコードを取得し，バージョンを3.2.0にロールバックしています．

```
R $ cd ~
R $ git clone https://github.com/Itseez/opencv.git
R $ cd opencv
R $ git checkout -b 3.2.0 3.2.0
```

スタートメニューから「プログラミング > CMake」をクリックしてCMakeを起動します．

図2 CMakeの起動

CMakeが起動したら画面上方のテキストボックスに以下のように入力します（図3①）．ユーザ名を変更している場合，「pi」の部分を変更したユーザ名に置き換えてください．

```
Where is the source code : /home/pi/opencv
Where to build the binaries : /home/pi/opencv/build
```

ウィンドウ左下のConfigureボタンを押すとCMakeSetupウィンドウが現れます（図3②）．Specify the generator for this projectに「Unix Makefiles」をセットし，Finishボタンをクリックしてください（図3③④）．

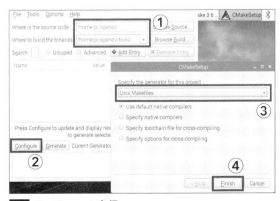

図3 Configureの実行

赤く表示されている項目のうち「WITH_GTK」「WITH_V4L」にチェックが入っていることを確認し，再度Configureボタンをクリックします．リスト中のすべての項目が白く表示されるようになったらGenerateボタンをクリックしてMakefileを生成します（**図4**）．

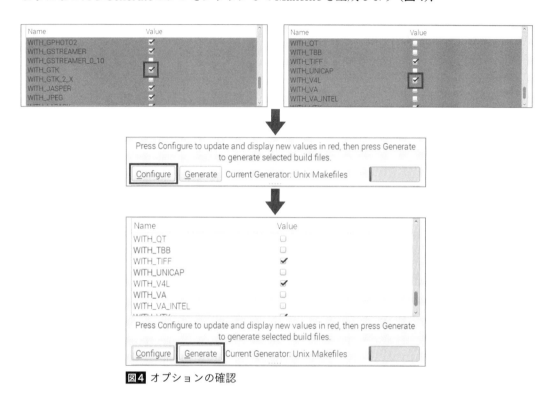

図4 オプションの確認

端末を開いて以下のコマンドを入力すると，インストールが開始されます．ビルドには2〜3時間ほどかかります．

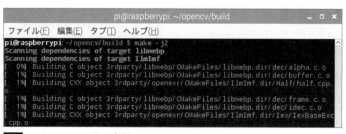

図5 makeコマンドの実行

◼ ROS（Kinetic）のインストール

それでは，ROS（Kinetic）をソースコードからビルドしてインストールします．

まずRaspbianの端末を開き，apt-getコマンドでROS関連のツールをインストールできるようにリポジトリの追加を行います．以下のコマンドを入力してください．長いコマンドは打ち間違えるおそれがあるので，公式Webサイトに記述されているものであればコピーして使ってもよいかもしれません．

```
R $ sudo sh -c 'echo "deb http://packages.ros.org/ros/ubuntu $(lsb_release -sc) main"
    > /etc/apt/sources.list.d/ros-latest.list'
```

※ レイアウトの都合上改行していますが，実際は1行で入力します．

続けて，リポジトリを承認するための鍵情報をローカルキーチェーンに取り込みます．

```
R $ sudo apt-key adv --keyserver hkp://ha.pool.sks-keyservers.net:80
    --recv-key 421C365BD9FF1F717815A3895523BAEEB01FA116
```

※ レイアウトの都合上改行していますが，実際は1行で入力します．

さらに，apt-getのパッケージリストを更新します．

```
R $ sudo apt-get update
```

これでROSをビルドする際に必要となるツールをapt-getコマンドでインストールできるようになりました．下記のコマンドでツールのインストールを行います．

```
R $ sudo apt-get install python-rosdep python-rosinstall-generator python-wstool python-rosinstall
```

以上で，ROSをソースコードからビルドする準備が整いました．

次に，rosdepの初期化を行い，インストールするパッケージの依存関係を自動的に取得できるようにします．

```
R $ sudo rosdep init
R $ rosdep update
```

その後，ROSのパッケージをビルドするためのワークスペースを作成し，パッケージのソースコードをダウンロードします．ワークスペースの名前は公式に準拠して「ros_catkin_ws」としましょう．場所はホームディレクトリに作成します．

```
R $ mkdir ~/ros_catkin_ws
R $ cd ~/ros_catkin_ws
```

Raspberry Piの演算能力的に実際に使えるかどうかは別として，ここでは，一通りのROSの機能を利用できるようにDesktop構成でROSをインストールすることとします．Desktop構成に含まれるパッケージの取得は以下のコマンドで行います．

```
R $ rosinstall_generator desktop --rosdistro kinetic --deps --wet-only -tar ↵
   > kinetic-desktop-wet.rosinstall
R $ wstool init src kinetic-desktop-wet.rosinstall
```

※ レイアウトの都合上改行していますが，実際は1行で入力します．

パッケージの準備ができたら，rosdepを用いてパッケージに含まれる依存関係のインストールを行います．以下のコマンドを入力することで，必要な依存関係の大部分がインストールされます．

```
R $ rosdep install -y --from-paths src --ignore-src --rosdistro kinetic -r --os=debian:jessie
```

インストールしたデータにはOpenCVを扱うパッケージ「opencv3」が含まれています．OpenCVは先にインストールが済んでいますので削除します．

```
R $ rm -rf src/opencv3
```

残念ながら一部のパッケージの依存関係はインストールされないので，手動でインストールする必要があります．以下の手順でライブラリのインストールを行ってください．

```
R $ mkdir -p ~/ros_catkin_ws/external_src
R $ cd ~/ros_catkin_ws/external_src
R $ wget http://sourceforge.net/projects/assimp/files/assimp-3.1/assimp-3.1.1_no_test_models.zip/ ↵
   download -O assimp-3.1.1_no_test_models.zip
R $ unzip assimp-3.1.1_no_test_models.zip
R $ cd assimp-3.1.1
R $ cmake .    ← .（ドット）を打ち忘れないように注意！
R $ make
R $ sudo make install
```

※ レイアウトの都合上改行していますが，実際は1行で入力します．

また，行列計算ライブラリ「Eigen3」のインストール情報が不足しているため，下記のコマンドを入力してEigen3のインストール情報を追加します．コマンド中の「cmake-3.6」の部分はcmakeのバージョンによって変化する可能性があります．/usr/share/cmake-*.*の最新版のディレクトリにFindEigen3.cmakeのシンボリックリンクを作成するようにしてください．

```
R $ sudo ln -s /usr/share/cmake-2.8/Modules/FindEigen3.cmake ↵
   /usr/share/cmake-3.6/Modules/FindEigen3.cmake
```

※ レイアウトの都合上改行していますが，実際は1行で入力します．

さらにcollada_urdfパッケージのソースコードを修正します．以下のソースコードの1行目にdefine文を追加します．

```
R $ cd ~/ros_catkin_ws
R $ leafpad src/collada_urdf/collada_urdf/src/collada_urdf.cpp
```

3.1 ROS のインストール（Raspberry Pi 編）

【collada_urdf.cpp の 1 行目に追加】

```
#define IS_ASSIMP3
```

編集が完了したら，catkin_make_isolated というツールを使ってパッケージのビルドを開始します．インストール先（--install-space オプションの引数）は /opt/ros/kinetic とします．

コマンドの末尾に「-j2」というオプションがありますが，これは並列コンパイルを行う最大数を指します．-j の後に付ける数字が大きければ大きいほど並列で処理される数が増え，高速にビルドすることができますが，Raspberry Pi の性能上，2 より大きな値でビルドをしようとすると途中でエラーを吐いて終了してしまう可能性が高いです．安定してビルドできるように，並列コンパイルの最大数は 2 までとしておきましょう．

```
R $ sudo ./src/catkin/bin/catkin_make_isolated --install -DCMAKE_BUILD_TYPE=Release ↵
    --install-space /opt/ros/kinetic -j2
```

※ レイアウトの都合上改行していますが，実際は 1 行で入力します．

200 個近い ROS パッケージのビルドが始まります．すべてのビルド＆インストールには半日程度時間がかかりますので覚悟しておきましょう．もし，電源が切れるなどして途中で止まってしまった場合，再度ログインして ~/ros_catkin_ws ディレクトリで再度上記のコマンドを入力すれば，ビルドを再開することができます．

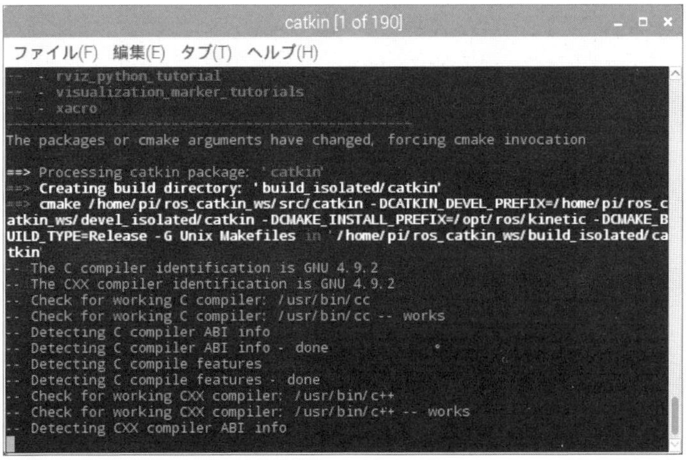

図 6 catkin_make_isolated によるビルドの様子

■ 環境変数の設定

無事にすべてのパッケージのビルドが完了したら ROS 関連の環境変数を設定し，ROS の各種コマンドが使えるようにします．環境変数の設定は ROS のインストールディレクトリ（/opt/ros/kinetic）の setup.bash スクリプトを実行することで自動的に行われます．端末から source コマンドで設定用スクリプトを読み込んでみましょう．

```
R $ source /opt/ros/kinetic/setup.bash
```

第3章 ROSのセットアップ

ROSの環境変数は端末を開くたびに毎回設定する必要があります．上のコマンドを毎回入力するのは手間ですので，端末を開いたときに設定用スクリプトが自動的に読み込まれるように設定しましょう．Debian（RaspbianもDebianの一種です）やUbuntuでは端末（≒bash）が起動するとホームディレクトリにある「.bashrc」スクリプトが実行されますので，これを利用します．

Unixシステムでは先頭に「.」が付いているファイルは隠しファイルとして扱われるため，ファイルマネージャを開いてもホームディレクトリにそれらしいファイルは見当たりませんが，「CTRL＋H」キーを押すと隠しファイルが表示されるようになります（**図7**）．「.bashrc」ファイルをエディタで開き，以下の一文をファイルの末尾に追加します．

【.bashrcファイルの末尾に追加】
```
source /opt/ros/kinetic/setup.bash
```

このように.bashrcファイルを編集しておくことで，端末起動時に自動的にROSの環境変数が設定されるようになります．

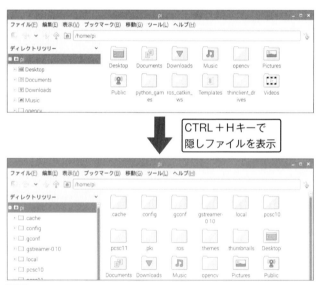

図7 隠しファイルの表示

最後に，ROSが正常にインストールされたか確認するために，端末に次のコマンドを入力します．

```
R $ roscore
```

図8のように表示されればインストール成功です．確認ができたら「CTRL＋C」キーを押してroscoreを終了します．

図8 roscoreの実行（Raspbian）

3.2　ROSのインストール（Ubuntu PC編）

　本書ではRaspberry Pi上でROSプログラミングを行っていきますが，ROSの分散処理機能を利用する際などにUbuntu PCでもROSが必要になります．Raspberry Piほど手間はかかりませんので，以下の手順に従ってインストールしてください．もし，以下の手順でROS（Kinetic）のインストールがうまくいかない場合やつまずいてしまった場合には，ROS公式のWebサイトも併せて参照してください．

● Ubuntu install of ROS Kinetic

http://wiki.ros.org/kinetic/Installation/Ubuntu

■ ROS（Kinetic）のインストール

　Ubuntuの端末からapt-getコマンドでROS関連のツールをインストールできるように，リポジトリの追加を行います．以下のコマンドを入力してください．

```
U $ sudo sh -c 'echo "deb http://packages.ros.org/ros/ubuntu $(lsb_release -sc) main" 
    > /etc/apt/sources.list.d/ros-latest.list'
```

　Ubuntu公式以外のリポジトリの利用になりますので，リポジトリを承認するための鍵情報をローカルキーチェーンに取り込みます．

```
U $ sudo apt-key adv --keyserver hkp://ha.pool.sks-keyservers.net:80 
    --recv-key 421C365BD9FF1F717815A3895523BAEEB01FA116
```

　次に，apt-getのパッケージリストを更新します．

```
U $ sudo apt-get update
```

第3章 ROSのセットアップ

Ubuntu用のROS（Kinetic）はapt-getコマンド一つでインストール可能です．使用しているPCのスペックと相談して以下から選択してください．

■ Desktop-Full Install

標準的なROSのパッケージに加えて2D/3Dのシミュレータ，ロボットナビゲーション，画像認識など高いスペックが要求されるパッケージが含まれます．ハイスペックのPCで十分な空き容量があるならば，こちらをインストールしましょう．

```
U $ sudo apt-get install ros-kinetic-desktop-full
```

■ Desktop Install

標準的なROSのパッケージです．ミドルスペックのPC，一般的なノートPCなどを使用している場合は，こちらをインストールしましょう．

```
U $ sudo apt-get install ros-kinetic-desktop
```

お使いの環境にもよりますが，インストールには30分〜1時間程度かかります．

インストールが終わったら，以下のコマンドを入力して「rosdep」の初期化を行います．

```
U $ sudo rosdep init
U $ rosdep update
```

「rosdep」はRaspberry PiにROSをインストールした際にも利用しましたが，ROSパッケージを利用する際に必要となるシステム依存（ライブラリやツール）を自動的に取得してくれるツールです．後の章で説明しますが，ROSではパッケージを作成する際に依存するライブラリなどを明記しているため，以下のコマンドを入力することで，ROSパッケージに必要となるライブラリやツールを自動的に検索してインストールしてくれます．

【rosdepの使い方】

```
rosdep install [ROSパッケージ名]
```

最後に，個々のROSパッケージをインストールする際に利用するツール「python-rosinstall」をapt-getコマンドでインストールします．

```
U $ sudo apt-get install python-rosinstall
```

■ 環境変数の設定

ROS関連の環境変数の追加を行います．ROSをインストールしたディレクトリに自動で環境変数を登録してくれるスクリプトファイルを利用します．Ubuntuでは，ROSのインストールディレクトリは/opt/ros/kineticです．以下のように，sourceコマンドを用いてスクリプトファイルを読み込みます．このあたりはRaspberry PiにROSをインストールしたときと同じですね．

3.2 ROSのインストール（Ubuntu PC編）

```
U $ source /opt/ros/kinetic/setup.bash
```

　Ubuntuの場合も，ROSを利用する際に毎回このコマンドを入力するのは非常に手間がかかるので，bashを立ち上げた際に（≒端末起動時）自動的にスクリプトファイルを読み込むように設定します．Raspberry Pi同様，ホームディレクトリにある.bashrcファイルの末尾に一文を追加します．端末から以下のコマンドを入力すればファイルに追記することができます．もちろんファイルマネージャから.bashrcファイルを開いて編集しても構いません．

```
U $ echo "source /opt/ros/kinetic/setup.bash" >> ~/.bashrc
```

　正常にROSがインストールできたか確認するため，端末を起動し以下のコマンドを入力します．

```
U $ roscore
```

　図9のような画面が現れればインストールが正常に完了しています．

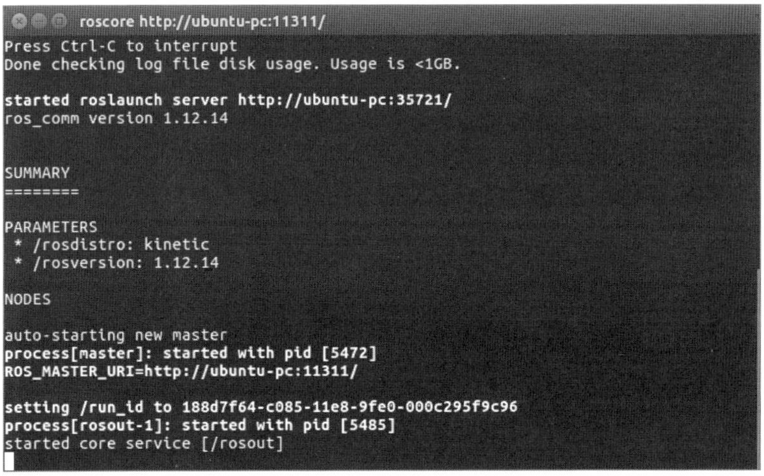

図9 roscoreの実行（Ubuntu）

第 1 部　ROS を勉強するための準備編

第 4 章

サンプルプログラムで ROSの動作確認

　本章では「TurtleSim」というROSパッケージを用いてROSの動作確認を行います．ROSのディストリビューションの名前は何だったか覚えていますか？ すべてのディストリビューションに「亀」の名前が入っていましたね．「TurtleSim」は，**図1**のようなGUI上の亀を動かしてROSの機能を一通り体験できるサンプルプログラムです．

　このTurtleSimを使って，ROSのプログラムの起動方法からデータ通信のイメージ，デバッグコマンドの使い方などについて一通り学習していきます．

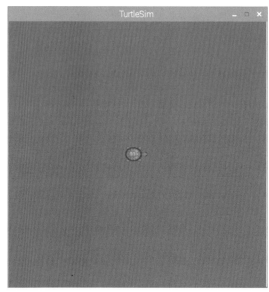

図1 TurtleSim の実行画面

4.1 ROSの基本用語

はじめに，ROSを学習していくうえで知っておいたほうがよい用語をいくつか紹介します．

- パッケージ

  ROSのソフトウェア構造の単位です．パッケージにはソースコードや実行可能ファイル，ライブラリなどが含まれます．

- ノード

  ROSのプロセスの単位です．ROSではプロセス同士が結合してグラフを形成しているため，「ノード」と呼ばれています．

- Topic（トピック）

  ROSでノード間通信を行う方法の一つで，最もよく用いられる非同期通信がTopic通信です．Topicは通信の仲介役のようなもので，送信側ノード（Publisher）がTopic上にMessageを送り，受信側ノード（Subscriber）がそのMessageを受け取ることによって，PublisherからSubscriberへ通信を行います．

- Service（サービス）

  ROSでノード間通信を行う方法の一つで，ノード間で1対1の通信を行う際に用いられる同期通信です．送信側ノード（Client）が受信側ノード（Server）にリクエストを送ると，Serverがレスポンスを返す，双方向の通信を行います．

- Parameter（パラメータ）

  ノード実行時に読み込む値のことで，一般にいう「設定値」に該当します．ロボットの最大速度やPID制御のゲインなどチューニングする必要がある変数を設定します．

- Message（メッセージ）

  Topic通信やServiceでやりとりしているデータのことです．

4.2 端末ソフトウェアのインストール

これまでのRaspberry PiのセットアップやROSのセットアップでは，OSに付属している標準の端末ソフトウェアを使ってきました．ですが，ROSは基本的に1つの端末で1つのノードを起動するので，標準の端末で複数のノードを同時に起動すると，**図2**のようにデスクトップがごちゃごちゃになってしまいます．一見，スパイ映画に出てくるハッカーみたいでカッコいい！と思うかもしれませんが（筆者は思っていました），どこの端末でどのノードが起動しているのかひと目でわかりにくく，使っているうちに目当ての端末を探すのが煩わしくなりがちです．作業効率のためにも，一覧性の高い端末ソフトウェアを導入することをオススメします．

第4章 サンプルプログラムでROSの動作確認

図2 ROSノードを複数起動したときの様子

　RaspbianやUbuntuで利用できる端末ソフトウェアに,「Terminator」というものがあります.画面を分割して1つのウィンドウ内で複数の端末を起動でき,標準の端末に比べると一覧性がぐんと上がります.これからROSを扱う際に非常に便利な端末ですので,使い方をよく覚えておきましょう.

　まず,Raspberry Piの端末を開き,apt-getコマンドでTerminatorのインストールを行います.

```
R $ sudo apt-get update
R $ sudo apt-get install terminator
```

　インストールが完了したら,Raspberry Piのデスクトップ左上にあるスタートボタンから「システムツール > 端末」を選択し,Terminatorを起動しましょう.

図3 terminatorの起動

　何も設定していない状態ではデフォルトの端末と大きな違いはありませんが,次の設定をすることで,ROSを扱ううえで非常に便利な端末に変わります.

図4 初期状態のTerminator

　ウィンドウが小さいままでは画面を分割しても扱いづらいですので，ウィンドウを最大化します．端末の黒い部分で右クリックすると，メニューに「水平で分割」「垂直で分割」という項目があるので，自分の好みの数に端末を分割していきます．もし間違って分割してしまった場合は，右クリックメニューの「閉じる」で結合できます．本章で扱うTurtleSimはそれほど大きくない規模のプログラムですので，ここでは端末を4分割にしました（**図5**）．

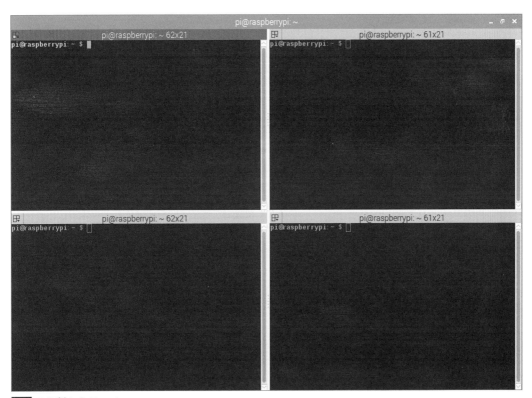

図5 4分割したTerminator

Terminatorを起動するたびにこの作業をするのは面倒ですので，起動時にこのレイアウトがデフォルトで表示されるように設定を行います．端末を右クリックしてメニューから「設定」を開き，設定ウィンドウの「Layouts」タブでペインの左下にある「追加」ボタンをクリックします．現在のTerminatorのレイアウト情報がリストにコピーされますので，適当な名前をつけます．ここでは見た目のとおり，「4terminal」という名前にしました．ここで設定した名前は後ほど使いますので覚えておいてください．設定ができたら，右下の「閉じる」ボタンをクリックして設定ウィンドウを閉じます（**図6**）．

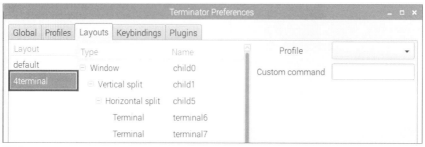

図6 Terminatorのレイアウトを保存

一度Terminator自体を閉じ，「スタートメニュー > システムツール > 端末」を右クリックしてメニューから「デスクトップに追加」を選択すると，デスクトップにTerminatorのショートカットが追加されます．

続いて，アイコンをダブルクリックした際に実行されるコマンドを編集します．端末から管理者権限で以下のファイルを開いてください．編集内容の「4terminal」の部分は，Terminatorのレイアウト設定時に保存した名前を入力します．

```
R $ sudo -E leafpad /usr/share/applications/terminator.desktop
```

【128行目を編集】

```
Exec=terminator
```

⬇

```
Exec=terminator -l4terminal
```

ファイルを保存後，デスクトップのアイコンをダブルクリックしてTerminatorを開くと，図5のレイアウトがそのまま復元されます．以降，ROSのノードを立ち上げる際にはTerminatorを使うようにしましょう．

4.3 サンプルプログラムの実行

■ TurtleSim の実行

端末の準備ができたので，turtlesimノードを実行してみましょう．前項で設定したTerminatorを開き，以下の各コマンドを1行ずつ別々の端末に入力してください．

```
R $ roscore
```

```
R $ rosrun turtlesim turtlesim_node
```

```
R $ rosrun turtlesim turtle_teleop_key
```

ROSでノードを起動する前には必ずroscoreコマンドでROS Masterを起動する必要があります．ノードやTopic，Serviceなどはすべて ROS Master で名前管理されており，ROS Masterは通信に必要な情報を各ノードと送受信します．

ノードの起動にはrosrunコマンドを用います．rosrunコマンドの基本的な使い方は以下のとおりです．

【rosrunコマンドの使い方】

```
rosrun [パッケージ名] [ノード名]
```

正常にturtlesim_node，turtle_teleop_keyノードが起動すると，**図7**のような画面が現れます．turtle_teleop_keyノードを実行している端末には「Use arrow keys to move the turtle.」と表示されます．指示のとおり，端末上で矢印キー（↑，←，↓，→）を押して亀を動かしてみましょう．端末のウィンドウが最大化されているとTurtleSimのウィンドウが見えなくなってしまいますので，ウィンドウサイズは適宜調整してください．

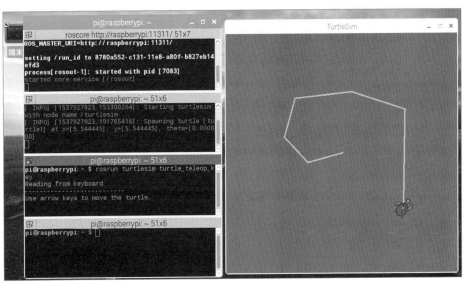

図7 turtlesimノードの実行画面

■ データ通信について

ROSでは複数のノードがデータをやりとりしてソフトウェア全体を構成しています．今回使用したノードは「turtlesim_node」「turtle_teleop_key」の2つです．それぞれのノードの役割は以下のとおりです．

- turtle_teleop_key

キーボードからの入力を亀の速度（並進速度，回転速度）に変換するためのノードです．押されたキーに従って亀の速度を決定し，Topicへ送信しています．

- turtlesim_node

GUI上に亀のグラフィックを表示するためのノードです．亀の速度に関するMessageをTopicから受信してGUI上の亀を動かし，亀が移動した軌跡を描画します．

亀の速度は「/turtle1/cmd_vel」というTopic名，「geometry_msgs/Twist」というMessage型で送信されています．ROSではTopic名とMessage型がわかれば，どのノードからでもTopicを受信（Subscribe）することができます．

ノード間でのTopicのやりとりを可視化してみましょう．それぞれのノードが起動されている状態で，新しい端末に以下のコマンドを入力してください．

```
R $ rosrun rqt_graph rqt_graph
```

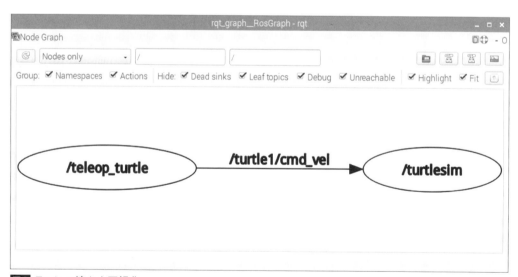

図8 Topicの流れを可視化

図8が表示され，/turtle1/cmd_velという名前のTopicが，/teleop_turtleという名前のノードから/turtlesimという名前のノードへ送信されている様子が確認できます．ノードやTopicが増えて複雑になってきたときにデータの流れを可視化できる便利なツールなので，使い方を覚えておきましょう．

■ デバッグコマンドの使い方

ノードはいつでも期待どおりに動いてくれるわけではありません．そのような場合に，ROSのノードやTopic，Service，Parameterを確認するためのコマンドについて紹介します．今後ROSプログラミングを行う中で使う機会も多いと思います．すべてを紹介すると長くなってしまうので，よく使うものを厳選しました．いずれのコマンドもTAB補完が効きますので，長いTopic名などはTAB補完を活用しましょう．

■ rosnode コマンド

現在起動しているノードの一覧やノードの情報などを取得する際に使うノードに関するコマンドです．

- rosnode list

現在起動しているノードの一覧を表示します（**図9**）．

図9 ノードの一覧を確認

- rosnode info [ノード名]

指定したノード名のノード情報が表示されます（**図10**）．Publish，SubscribeしているTopicの名前と型，Serviceの名前，現在Topic通信で結合しているノードの一覧などが表示されます．

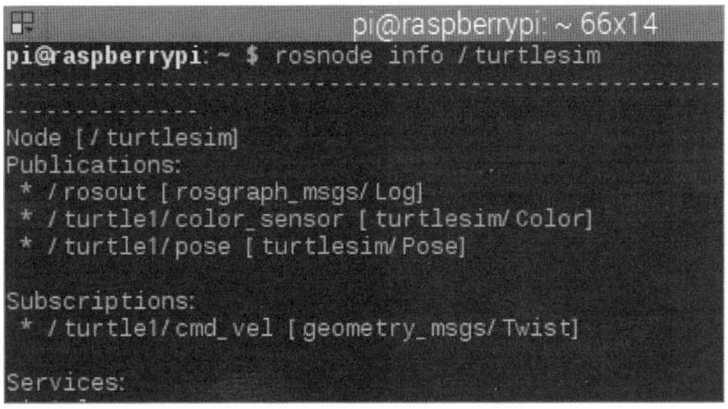

図10 ノードの情報を表示

- rosnode kill [ノード名]

ノードを強制終了させるのに使います．CTRL+Cで終了できない場合に使用します．

第4章 サンプルプログラムでROSの動作確認

■ rostopic コマンド

現在出力されているTopicの一覧表示や，TopicのPublish，Subscribeなどを行うことができる，Topicに関するコマンドです．

- rostopic list

現在Masterに登録されているTopicの一覧を表示します（図11）．PublishもしくはSubscribeされるTopicの一覧が表示されるので，コードの打ち間違いでTopic名にミスがある場合はこのコマンドを使うとすぐに確認できます．

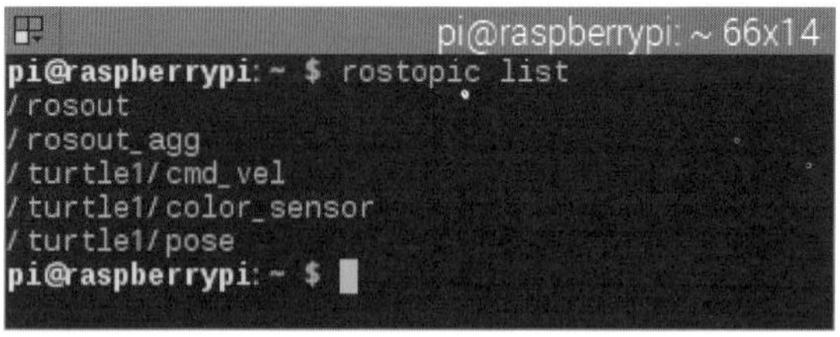

図11 Topicの一覧を表示

- rostopic echo [Topic名]

指定したTopicの値を確認することができます．Topicにどのような値が出力されているのか，ノードを起動しなくても確認できるので，デバッグが非常に楽になります．

- rostopic info [Topic名]

指定したTopicに関する情報を取得できます（図12）．TopicのMessage型，Publishしているノード，Subscribeしているノードを確認できます．

図12 Topicの情報を取得

- rostopic pub [Topic名]␣[Messageの型]␣[Messageの値]

指定したTopicをPublishする際に使用します（図13）．例えば，turtlesimノードが起動しているときに以下のコマンドを入力すると，コマンドから亀を動かすことができます．Message型より後の部分についてもTABで自動的に補完することが可能です．

```
R $ rostopic pub /turtle1/cmd_vel geometry_msgs/Twist '[2.0,0.0,0.0]' '[0.0,0.0,1.5]'
```

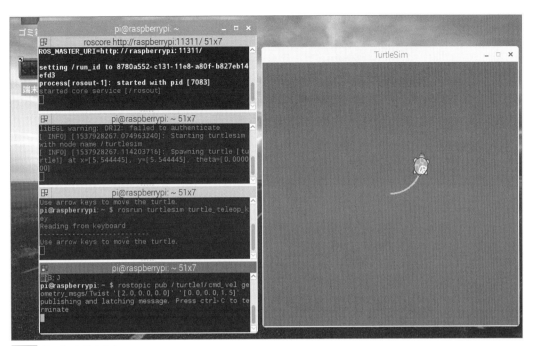

図13 TopicのPublish

　geometry_msgs/Twist型には並進速度{x, y, z}，回転速度{x, y, z}が含まれますので，上記のコマンドのようなデータ構造で値を渡します．オプションを何も付けずに実行すると，同じノードには1回しかPublishされないので，亀が途中で止まってしまいます．また，CTRL＋Cでコマンドを終了させるまでrostopic pubコマンドは終了しません．1回TopicをPublishしたら終了させたいという場合には，-1オプションを付けます．

Topicを1回Publishしたら終了させる場合

```
rostopic pub -1 [Topic名] [Messageの型] [Messageの値]
```

　Topicを繰り返しPublishさせるには，-rオプションを付けます．「-r」の後に記述する数値はPublishの周期〔Hz〕です．以下の例では10Hz周期で速度指令を送っていることになります．コマンドを実行すると，CTRL＋Cでrostopicコマンドを終了させるまでずっと亀が動き続けます（**図14**）．

```
R $ rostopic pub -r 10 /turtle1/cmd_vel geometry_msgs/Twist '[2.0,0.0,0.0]' '[0.0,0.0,1.5]'
```

第4章 サンプルプログラムでROSの動作確認

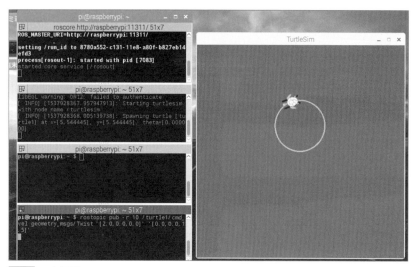

図14 一定周期でTopicのPublish

■ rosserviceコマンド

現在利用可能なServiceの一覧表示やServiceの呼び出しなどを行うことができる，Serviceに関するコマンドです．

- rosservice list

現在利用可能なServiceの一覧を表示します（**図15**）．

図15 Serviceの一覧を表示

- rosservice info [Service名]

指定したServiceの情報を取得します（**図16**）．Serviceを提供しているノード，Serviceの型，Serviceを呼び出す際の引数などを確認できます．

図16 Serviceの情報を表示

- rosservice call [Service名]␣[引数]

指定したServiceを呼び出すことができます．Serviceの呼び出しには引数が必要になります．Service名を入力した後にTABキーを押すと必要な引数が補完されます．

試しに，turtlesimノードで提供されている「spawn」というServiceを呼び出してみましょう（**図17**）．spawnは引数で与えた場所に新しい亀を出現させるServiceです．

与える引数は以下のとおりです．

- **x**：亀を出現させるx座標
- **y**：亀を出現させるy座標
- **theta**：出現させる亀の向き
- **name**：新たに出現させる亀の名前

```
R $ rosservice call /spawn "{x: 2.0, y: 2.0, theta: 0.0, name: 'turtle2'}"
```

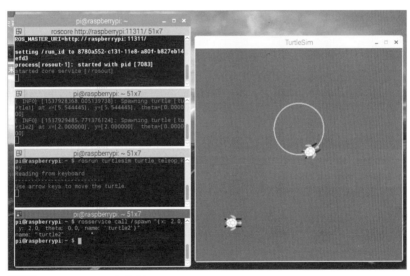

図17 spawn Serviceを実行

■ rosparamコマンド

現在登録されているParameterの一覧表示，Parameterの値の取得・設定などを行うことができる，Parameterに関するコマンドです．現在登録されているParameterをファイルへ保存することや，ファイルからParameterを復元することも可能です．

- rosparam list

現在登録されているParameterの一覧を表示します．

- rosparam get [Parameter名]

指定したParameterの値を表示することができます．

Parameterについては8章でも扱っており，上記以外のrosparamコマンドの詳細は8章で解説しています．

ここで紹介したコマンドは以下のROS公式Webサイトからも確認できます．

- **ROSコマンドラインツール**
  http://wiki.ros.org/rosnode
  http://wiki.ros.org/rostopic
  http://wiki.ros.org/rosservice
  http://wiki.ros.org/rosparam

第 2 部

ROS
プログラミング
基礎編

第 5 章　ROSのプログラムを書いてみる
第 6 章　Topicを用いた通信
第 7 章　Serviceを用いた通信
第 8 章　Parameterの使い方
第 9 章　ROSの分散処理を試してみる

第 2 部 ROSプログラミング基礎編

第 5 章

ROSのプログラムを書いてみる

　本格的なROSプログラミングの手始めに，Topic通信もServiceも利用せず，実行するとコンソール画面に「Hello World」と表示されるだけのプログラムを作成します．ROSのパッケージの作成方法やコーディングの作法について，手を動かしながら学習していきましょう．

　ROSプログラミングはパッケージの作成やコーディングの仕方が複雑ですので，慣れるまでは難しく感じるかもしれません．第2部では基本的に，パッケージ作成からコーディング，動作確認という一連の流れでROSプログラミングの学習を行います．第2部を読み終える頃にはROS独特のプログラミングの流れにもだいぶ慣れていることと思います．

5.1 開発の準備

■ エディタのインストール

　ROSのコードを書き始める前に，Raspberry Piにコード編集用のエディタをインストールしておきましょう．Raspberry Piにデフォルトでインストールされているエディタはソースコードの編集に向かないので，編集しやすいエディタをインストールしておくのがよいでしょう．「エディタ戦争」ともいわれるくらいエディタは多様化しており，各人のこだわりなどもありますので好きなものを使ってもらってよいですが，もし，これといって気に入っているものがなければ，「Geany」をオススメします．軽量なため，Raspberry Piでも十分機能し，ファイルの種類ごとに予約語の色分けもしてくれるので便利です．すべてではありませんが，ある程度のコード補完機能もあります．参考までに，筆者はRaspberry PiでのソースコードのにはGeanyを，普通のUbuntu PCでのソースコード編集にはVisual Studio Codeを使用しています．

　Geanyは端末から以下のコマンドを入力するとインストールできます．

```
R $ sudo apt-get install geany
```

インストール後，Geanyを起動し，いくつかの設定を行います．GUIから起動する場合は「スタートメニュー＞プログラミング＞Geany」を選択します（**図1**）．CUI操作の場合は端末に「geany」と入力して起動できます．

図1 Geanyの起動（GUI操作）

コードを見やすくため，インデントを設定します．メニューの「編集＞設定」から設定ウィンドウを開きます．**図2**に示すように，「エディタ」項目の「インデント」タブを開き，インデントを「幅:2」「形式:空白」とします．

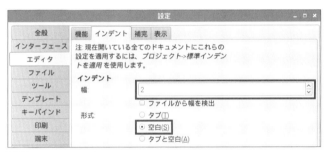

図2 Geanyの設定

■ ワークスペースの作成

ROSのパッケージを管理するため，ワークスペースを作成します．端末を開き，以下のコマンドを入力すると，ホームディレクトリ直下に「catkin_ws」ディレクトリが，さらにその直下に「src」ディレクトリが作成されます．GUIのファイルマネージャから作成しても構いません．パッケージの作成はこのsrcディレクトリ内に行います（詳細なディレクトリ構成は後述します）．

```
R $ mkdir -p catkin_ws/src
```

cdコマンドでcatkin_wsディレクトリに移動し，ワークスペースの初期化を行います．初期化は「catkin_make」コマンドで行います．catkin_makeコマンドはパッケージをビルドする際に使用するコマンドですが，srcディレクトリにパッケージが何もない状態で使用すると，ワークスペースの構成を初期化します．

```
R $ cd ~/catkin_ws
R $ catkin_make
```

正常にワークスペースが初期化されると，srcディレクトリに「CMakeLists.txt」ファイルが，ワークスペースディレクトリ（~/catkin_ws）に「build」「devel」ディレクトリが生成されます．ワークスペースの構成は**図3**，**図4**のようになっています．

図3 ワークスペースの構成

図4 ワークスペースの構成内容

パッケージを作成する前にdevelディレクトリにある「setup.bash」ファイルを読み込み，ワークスペース関連の環境変数を設定します．3章でのROSのインストール時と同じ方法で行います．端末から以下のコマンドを入力してください．

```
R $ source ~/catkin_ws/devel/setup.bash
```

また，端末を開くたびに自動でsetup.bashファイルが読み込まれるように設定しましょう．ホームディレクトリにある「.bashrc」ファイルを以下のように編集してください．

5.2 「Hello World」を表示するプログラムの作成

【.bashrc ファイルの編集】

```
source /opt/ros/kinetic/setup.bash
```

⬇

```
source ~/catkin_ws/devel/setup.bash
```

以上でワークスペースの初期化は完了です．

5.2 「Hello World」を表示するプログラムの作成

■ パッケージの作成

では，初めてのROSパッケージを作成してみましょう．ROSのコマンドを使えば，簡単にパッケージを作ることができます．今回は初めてですので，複雑な機能は使わず，「Hello World」を表示するノードだけのパッケージを作ります．

まず，cdコマンドでワークスペースのsrcディレクトリに移動して，「catkin_create_pkg」コマンドでパッケージのテンプレートを作成します．

```
R $ cd ~/catkin_ws/src
R $ catkin_create_pkg tutorial_helloworld roscpp
```

ここで使用したcatkin_create_pkgの使用方法は以下のとおりです．

【catkin_create_pkgの使い方】

```
catkin_create_pkg [ パッケージ名 ][ 依存パッケージ1 ][ 依存パッケージ2 ]……
```

今回は，第1引数［パッケージ名］に「tutorial_helloworld」を，第2引数［依存パッケージ1］に「roscpp」を指定しています．「roscpp」は，C++言語での開発に必要なパッケージです．

パッケージが作成されると，ワークスペースのsrcディレクトリに［パッケージ名］で指定した名前のディレクトリが作成されます．ディレクトリには**図5**の内容が格納されています．

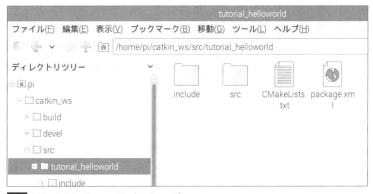

図5 tutorial_helloworldパッケージ

ROSパッケージは，最低限，以下の2種類のファイルで構成されます．

- package.xml
- CMakeLists.txt

ここにソースコードのファイル（C++なら.cpp，Pythonなら.py），その他独自のメッセージ定義ファイルやServiceの定義ファイルなどを必要に応じて追加していきます．

◢ package.xmlの確認

「package.xml」にはパッケージのバージョン，ライセンス，依存関係などの情報が含まれています．実際にファイルを開いてどのようなことが記述されているのか確認してみましょう．

ファイルを開く前に，デフォルトエディタを設定します．何も設定していない現状では，xmlファイルをダブルクリックして開くと標準のエディタで表示されます．デフォルトのアプリケーションがGeanyになるように，手順に従って変更しましょう．

ファイルを右クリックし，メニューから「アプリケーションで開く」を選択します（**図6**）．

図6 デフォルトアプリケーションの変更

「インストールされたアプリケーション」の中から「Geany」を選択し，リストの下にある「選択したアプリケーションをこのファイルタイプのデフォルトのアクションとする」にチェックを入れてOKボタンをクリックします．以降，cppファイル，hファイルなどソースコードのファイルも同様にしてデフォルトのアプリケーションを変更しておくと便利です．

5.2 「Hello World」を表示するプログラムの作成

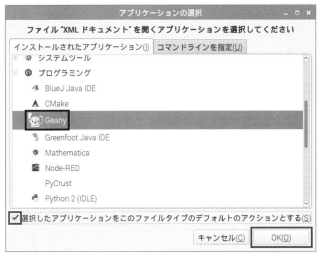

図7 デフォルトアプリケーションをGeanyに設定

xmlファイルを開くと以下のように記述されています（<!-- -->で囲まれているコメントアウト部分は省略しています）．

package.xml

```
<?xml version="1.0"?>
<package format="2">
  <name>tutorial_helloworld</name>
  <version>0.0.0</version>
  <description>The tutorial_helloworld package</description>
  <maintainer email="pi@todo.todo">pi</maintainer>
  <license>TODO</license>

  <buildtool_depend>catkin</buildtool_depend>
  <build_depend>roscpp</build_depend>
  <build_export_depend>roscpp</build_export_depend>
  <exec_depend>roscpp</exec_depend>

  <export>
  </export>
</package>
```

今回はチュートリアルですので特に編集する必要はありませんが，自分が作成したROSパッケージを一般公開する場合は，内容を適切に編集してから公開してください．特に<license>が未定義のままですと，別のユーザが利用したいと思っても利用できないという残念なことになってしまう可能性がありますので気をつけましょう．

また，catkin_create_pkgコマンドで依存パッケージを入力し忘れた場合，package.xmlを修正することで手動での追加が可能です．追加の際は，<bulid_depend><build_export_depend><exec_depend>タグを既存の各要素の下に加え，新規要素の内容として依存パッケージを記述します．

package.xmlについて詳しく知りたい方は，本家ROSのチュートリアルのページを参照してください．

● ROS Tutorials Creating Package
http://wiki.ros.org/ja/ROS/Tutorials/CreatingPackage

■ ソースコードの編集

いよいよ記念すべき初の自作ROSパッケージ「tutorial_helloworld」のソースコードを書いてみましょう．tutorial_helloworldディレクトリ内のsrcディレクトリ直下に「helloworld.cpp」という空のファイルを作成し，エディタで編集します．

helloworld.cpp

```
#include <ros/ros.h>

int main(int argc, char **argv)
{
  /*** ROSノードの初期化 ***/
  ros::init(argc, argv, "helloworld");
  /*** 文字列の表示 ***/
  ROS_INFO("Hello World");
  /*** プログラムが終了しないように待機 ***/
  ros::spin();
  return 0;
}
```

一般的なプログラミング言語のチュートリアルで作成するものと比べて，これといって特別なことはしていません．それぞれの関数の意味を以下に示します．

- ros::init

ノードの初期化を行う関数で，第3引数の文字列をノードの名前として与えます．ROS_INFOマクロで「Hello World」と表示しています．

- ROS_INFO

C言語のprintf関数とほぼ同じフォーマットの指定が可能です．ROS_INFOの代わりにprintfやstd::coutで文字列を表示しても構いませんが，ROS_INFOの場合は表示の際にタイムスタンプが一緒に表示されるので，今後複雑なプログラムを作成する際にデバッグが楽になります．ROSプログラムでコンソールに何か表示させたい場合は，ROS_INFOを使いましょう．

- ros::spin

コールバックの発生を監視する無限ループ関数です．後々のTopic通信やServiceでは本来の用途で利用しますが，今回の場合は，プログラムを終了させないために使っています．

■ CMakeLists.txtの編集

ソースコードの編集ができたらCMakeLists.txtの編集を行います．CMakeLists.txtはCMakeというツールの設定ファイルです．CMakeは異なるコンパイラ間でのビルドを自動化するためのツールで，図8に示すようにCMakeLists.txt（設定ファイル）とソースコードを用意すれば，ユーザの使っているコンパイラに合わせてビルドに必要なファイルを自動的に生成してくれます．

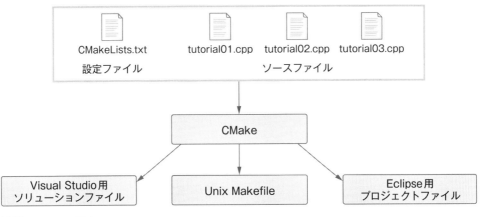
図8 CMakeの概念

catkin_create_pkgコマンドによりtutorial_helloworldディレクトリにCMakeLists.txtが生成されていますが，自動的に生成されたファイルには不必要な記述が多く読みづらいので，内容を一度すべて消して以下のように編集します．

CMakeLists.txt

```
cmake_minimum_required(VERSION 2.8.3)
project(tutorial_helloworld)

find_package(catkin REQUIRED COMPONENTS
  roscpp
)

catkin_package()

include_directories(${catkin_INCLUDE_DIRS})

add_executable(helloworld src/helloworld.cpp)
target_link_libraries(helloworld ${catkin_LIBRARIES})
```

CMakeLists.txtのそれぞれの行で何をやっているのか解説します．

- cmake_minimum_required

  CMakeの最低動作バージョンを記述しています．ここに指定したものより低いバージョンのCMakeしか利用できない場合は，ビルドができません．

- project

  パッケージ名を入力します．package.xmlのパッケージ名と同じ名前になるようにしましょう．

- find_package

  ビルドに必要なパッケージを指定します．最初にcatkinというパッケージを指定していますが，catkinはROSのビルドシステムのことです．「catkin REQUIRED COMPONENTS」の後に，依存するROSパッケージを入力します．今回はroscppのみです．

- catkin_package

  catkin固有の情報をビルドシステムに伝えるために呼び出すマクロです．これ以降の行で使用

している ${catkin_○○○} という記述よりも前に記述しなければなりません．

- include_directories

インクルードファイルのパスを追加します．${catkin_INCLUDE_DIRS}にはfind_packageで指定した依存パッケージのインクルードディレクトリがすべて含まれています．

- add_executable

ビルドされる実行可能なターゲット（ROSの場合はノード）の名前とそのターゲットを構成するソースファイルを指定します．今回の場合，ターゲット名はhelloworld，ソースファイルはhelloworld.cppです．

- target_link_libraries

ターゲットにリンクさせるライブラリを指定します．ROSのライブラリのみを使用する場合，${catkin_LIBRARIES}としておけば，find_packageで指定した依存パッケージのライブラリがリンクされます．

■ パッケージのビルド

パッケージをビルドして実行ファイルを生成してみましょう．まず，端末を開き，ROSのワークスペースに移動します．その後，catkin_makeコマンドを使ってパッケージのビルドを行います．

```
R $ cd ~/catkin_ws
R $ catkin_make
```

catkin_makeはワークスペースの初期化を行う際にも使用しましたが，ROSパッケージをビルドするためのコマンドです．srcディレクトリの中にあるすべてのパッケージを検出してビルドしてくれます．なお，特定のパッケージのみビルドしたい場合，以下のように入力すると，指定したパッケージのみのビルドを行います．オプション名が長いですが，TAB補完をうまく活用しましょう．

【特定のパッケージのみのビルド方法】
```
catkin_make -DCATKIN_WHITELIST_PACKAGES="[ パッケージ名 ]"
```

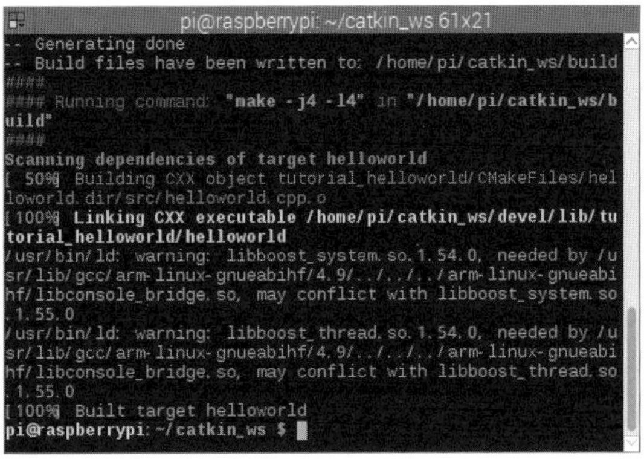

5.2 「Hello World」を表示するプログラムの作成

図9 catkin_make の実行

図9のように表示されればビルド成功です．エラーが出てしまった場合は，もう一度ソースコードとCMakeLists.txtの内容をチェックしてみてください．エラー内容からどの部分に問題があるのか判断することも，プログラミングを行ううえで重要なスキルの一つです．エラー対応は技術力向上の糧になりますので，面倒くさがらずに一つひとつチェックしていきましょう．

◾ helloworldノードの実行

helloworldノードを実行して動作を確認してみましょう．ROSのノードの起動方法は前章で扱ったので大丈夫ですね．rosrunコマンドを使ってノードを起動します．端末はterminatorを使います．

まず，terminatorのいずれかの端末にroscoreと入力し，ROS Masterを起動しましょう．

```
R $ roscore
```

次に，別の端末でrosrunコマンドを使ってhelloworldノードを起動します．tutorial_helloworldパッケージのhelloworldノードです．

```
R $ rosrun tutorial_helloworld helloworld
```

図10 helloworldノードの実行

図10（右）に示すように，正常に実行されると，helloworldノードを起動した端末に次の内容が表示されます．もし正常に実行できない場合，~/catkin_ws/develのsetup.bashが読み込まれているか，環境変数が設定されているかを確認してみてください．ノードを終了する場合にはCTRL＋Cキーを入力します．

```
[ INFO] [タイムスタンプ]: Hello World
```

ここまで，簡単なROSのプログラムを作成しました．次章からは，"ROSらしい"機能を盛り込んだプログラムを作成していきます．

5.3　命名規則等について

命名規則等，今後C++でROSプログラミングを行っていく際に覚えておいたほうがよい決まりごとについて，以下のWebサイトで紹介されています．

● ROS C++ スタイルガイド
http://wiki.ros.org/ja/CppStyleGuide

名前の付け方なんてどうでもいいじゃないかという人もいるかも知れませんが，スタイルガイドに従わず，それぞれが自分ルールでコードを書いてしまうと，可読性が低くなってしまいます．特に，ROSはこの本のはじめでも書いたように世界中のユーザがオープンソースでパッケージを公開していますので，他の人が読んでもわかりやすい書き方にすることが大切です．はじめのうちは決められたスタイルに従うのは抵抗があるかもしれませんが，可読性を高めるため，ROSのC++スタイルガイドに従うように心がけましょう．

なお，本書でサンプルとして載せているソースコードやパッケージ名の命名規則等は基本的にROS C++スタイルガイドに従って記述しています．

column

ソフトウェアのライセンスについて

◆ ROSパッケージのpackage.xmlをきちんと記述しよう！

　第5章では，はじめてROSのパッケージを作成し，ROSプログラミングの第一歩を踏み出しました．本文中はページの都合上ROSパッケージに含まれるpackage.xmlについて詳しく説明しませんでしたが，チュートリアルを行っていく中でも，なるべくpackage.xmlは記述するようにしましょう．package.xmlの中にはコードをメンテナンスしている人の連絡先，ライセンス，依存パッケージなど，そのパッケージを利用する人にとって重要な情報が含まれます．特に，後々自分の作ったROSパッケージを世界に向けて公開したいと考えている方は，習慣的にしっかりと意識して書くとよいでしょう．

◆ ソフトウェアのライセンスとは？

　ROSでは多くのパッケージがオープンソースで公開されています．これらのパッケージは無償で公開されており，誰でも利用することができます．ソースコードが公開されているので，初心者のうちは誰かの書いたコードを参考にでき，非常に効率的に学習が進められます．さて，ではそれらのソースコードを自分のパッケージに組み込んで公開してもよいのでしょうか？　個人ならOK？　商用ではNG？　それを決めるのがソフトウェアの「ライセンス」です．オープンソースソフトウェアは非常に使い勝手がよいですが，ライセンスで定められているオープンソースソフトウェアの利用規約を守らないと著作権違反になってしまいますので，注意する必要があります．ライセンスの種類は以下のWebサイトで一覧で見られます．また，Googleで「オープンソース　ライセンス　一覧」などのキーワードで検索すれば日本語のページも多数見つかりますので，この機会に目を通してみてください．

- **Open Source Initiative**
  https://opensource.org/licenses/alphabetical

　例えば，ROSのコアとなっているパッケージの多くはBSDというライセンスを採用していますが，これは著作権表示さえ明記してあれば利用可能な，非常にゆるいライセンスです．これに対しGPLライセンスなどでは，著作権表示に加え，要求があればソースコードを開示しなければならないため，商用のソフトウェアを組む場合は少し扱いづらいライセンスといえます．

　自分で作成したROSパッケージを一般公開する際，package.xmlにどのようなライセンスを記述するべきなのか，はじめのうちはよくわからないと思います．他の人が公開しているパッケージなどを参考にし，最適なものを判断できるよう，オープンソースソフトウェアのライセンスについても学習してみると面白いです．

第 2 部　ROSプログラミング基礎編

第6章

Topicを用いた通信

本章では，ROSのデータ通信の基本となるTopicを用いた通信方法について解説します．ROSで最もよく使う機能の一つですので，内容をよく理解して進みましょう．

6.1 Topic通信とは？

1章で少し触れましたが，ROSは複数のノードがデータのやりとりを行うことで一つの大きなソフトウェアを構成しています．**図1**の四角形一つひとつがノード，矢印がデータの流れを表しています．

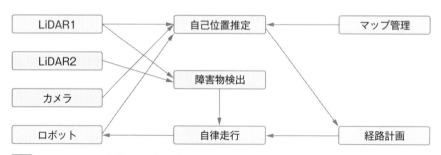

図1 ROSを用いた自律走行プログラムの例

ROSを使ったデータのやりとりのメインとなるのがTopic通信です．Topic通信のイメージを**図2**に示します．

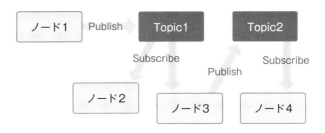

図2 Topic通信の概念

Topic通信関連の基本的な用語について説明します．

- Topic

ノード間でやりとりされるデータの入れもののことです．Topicには図2の例でいうと「Topic1」「Topic2」といった"名前"と，「int」「bool」「string」といった"型"が設定されており，ROS Masterで管理されています．Topicの名前を指定すれば，どのノードからでもデータを読み取ることが可能です．

- Publish

Publish＝発行するという意味で，ノードからTopicにデータを送信することです．PublishされたデータはROS Masterで管理されます．一つのノードから複数のTopicにデータをPublishすることも可能です．

- Subscribe

Subscribe＝購読するという意味で，Topicからデータを受信することです．一つのノードで複数のTopicからデータを受信することが可能です．また，図2の「ノード3」のように，一つのノード内で同時にPublishとSubscribeを行うことができます．

まずは以上の3つの用語を押さえておけば，Topic通信を扱うことができます．本章では，Topic通信を用いた基本的なプログラムから複数のTopicを一つのノード内で処理する際のテクニックまで，一通りの扱い方を解説します．

6.2 Topic通信を用いたデータの送受信

まずは，単純な機能だけを持つ「TopicをPublishするノード」「TopicをSubscribeするノード」を作成して，Topic通信に対する理解を深めていきましょう．

■ パッケージの作成

前章と同様の手順でパッケージを作成します．前章では1つのパッケージに1つのノードしか作成しませんでしたが，本章では「tutorial_topic」というパッケージの中に複数のノードを作成します．

cdコマンドで対象のディレクトリへ移動し，catkin_create_pkgコマンドでパッケージ作成を

行います．今回は依存パッケージとしてroscppの他に「std_msgs」というパッケージを利用します．

```
R $ cd ~/catkin_ws/src
R $ catkin_create_pkg tutorial_topic roscpp std_msgs
```

std_msgsパッケージには，int型やdouble型などのプリミティブ型をROS用にラッパーした型が含まれます．Topic通信ではプリミティブ型をそのまま利用することはできないので，必ずROS用にラッパーされた型を使うことになります．

以降，プログラムを作成して実行するうえで必須ではない場合，package.xmlについては割愛しますが，必要に応じて適宜編集してください．

今回は2つのノードを作成します．catkin_create_pkgコマンドで生成したディレクトリ「tutorial_topic/src」直下に，「publisher.cpp」「subscriber.cpp」の2ファイルを作成してください．

```
R $ touch ~/catkin_ws/src/tutorial_topic/src/publisher.cpp
R $ touch ~/catkin_ws/src/tutorial_topic/src/subscriber.cpp
```

◼ ソースコードの編集（publisher.cpp）

publisher.cppを編集してpublisherノードを作成します．std_msgs::Int32型の変数を1秒間隔でインクリメントしてPublishするノードです．

publisher.cpp

```cpp
#include <ros/ros.h>
#include <std_msgs/Int32.h>

int main(int argc, char **argv)
{
  /*** ROSノードの初期化 ***/
  ros::init(argc, argv, "publisher");
  ros::NodeHandle nh;
  /*** PublishするTopicの登録 ***/
  ros::Publisher pub = nh.advertise<std_msgs::Int32>("number", 10);
  /*** ループ間隔の設定 ***/
  ros::Rate loop_rate(1);
  /*** Publishする変数の定義 ***/
  std_msgs::Int32 cnt;
  cnt.data = 0;
  /*** 無限ループ ***/
  while (ros::ok())
  {
    /*** 現在のcnt変数の値を表示 ***/
    ROS_INFO("Count : %d", cnt.data);
    /*** cnt変数をPublish ***/
    pub.publish(cnt);
    /*** cnt変数をインクリメント ***/
    cnt.data++;
    /*** ループ間隔が1秒になるように待機 ***/
    loop_rate.sleep();
```

```
    }
    return 0;
}
```

- ros::NodeHandle

ROSシステムにアクセスし，他のノードと通信を行うためのクラスです．PublishするTopicの登録はこのクラスの関数を使って行います．

- ros::NodeHandle::advertise<T>

PublishするTopicの登録を行います．<T>の部分はテンプレートで，ここではPublishしたいTopicのデータ型を指定します．また，第1引数にTopicの名前を，第2引数にバッファの容量を指定します．バッファの数が小さすぎるとPublishが追いつかず，送信するデータの取りこぼしが発生するので気をつけてください．戻り値としてPublisher型のオブジェクトを返します．

- ros::Rate, ros::Rate::sleep

ループの間隔を調整するためのクラスで，コンストラクタでループの周期〔Hz〕を設定します．sleep関数を呼び出すと，ループの周期がちょうどコンストラクタに設定した周期になるように適当な時間ウェイトをかけてくれますので，データのPublishなどの処理を一定間隔で行いたい場合に非常に便利です．なお，ループ内の処理が重く，ループ周期を超えてしまった場合，sleep関数を呼び出してもウェイトをかけずにループを再開します．

- std_msgs::Int32

32bit符号付き整数（いわゆるint型）のラッパークラスです．数値自体はメンバ変数の「data」に格納されます．

- ros::ok

ノードが実行中かどうかを判別しています．CTRL+Cなどでノードを停止するとros::ok()がfalseを返し，無限ループから抜け出します．

- Publisher::publish

引数に渡したデータをTopicとしてPublishします．ros::NodeHandle::advertise<T>()関数で指定した型と異なるデータ型を渡した場合，エラーとなります．

■ ソースコードの編集（subscriber.cpp）

subscriber.cppを編集して，subscriberノードを作成します．std_msgs::Int32型のTopicを受信した場合に，受信したデータの数値を表示するノードです．

subscriber.cpp

```cpp
#include <ros/ros.h>
#include <std_msgs/Int32.h>

/*** Topicを受信すると呼ばれるコールバック関数 ***/
void onNumberSubscribed(const std_msgs::Int32 &msg)
{
  /*** 受信したデータを表示 ***/
  ROS_INFO("I heard: [%d]", msg.data);
}
```

```cpp
int main(int argc, char **argv)
{
  /*** ROSノードの初期化 ***/
  ros::init(argc, argv, "subscriber");
  ros::NodeHandle nh;
  /*** SubscribeするTopicの設定＆コールバック関数の登録 ***/
  ros::Subscriber sub = nh.subscribe("number", 10, onNumberSubscribed);
  /*** コールバックを待機 ***/
  ros::spin();
  return 0;
}
```

- onNumberSubscribed

　Topicを受信した際に呼ばれるコールバック関数です．関数名はどんな名前を付けてもよいのですが，戻り値はvoid，引数はconst修飾子を付けて参照渡し（変数の前に＆を付ける）にするようにしてください．引数の型は受信するTopicの型と合わせます．

- ros::NodeHandle::subscribe

　SubscribeするTopicを設定するための関数です．第1引数にTopicの名前，第2引数にバッファの容量，第3引数にコールバック関数を与えます．バッファの容量が小さすぎるとデータを取りこぼすことがありますので気をつけてください．コールバック関数は，const修飾子を付けていない場合や参照渡しにしていない場合，ビルド時にエラーとなります．

- ros::spin

　ros::spin関数が呼び出されると，コールバックの監視が開始されます．SubscribeするTopicが存在する場合，コールバック関数を呼び出してデータの受信を行います．ros::spin関数の呼び出しがないただのwhileループでは，コールバックは発生しませんので気をつけてください．ros::spin関数を呼ぶとCTRL＋Cなどでノードが中断されるまで無限ループを続け，以降の処理は行われません．

◾ CMakeLists.txtの編集

　publisherの実行ファイルとsubscriberの実行ファイルが生成されるように，CMakeLists.txtを編集します．自動生成された内容はすべて削除し，以下のように記述してください．

CMakeLists.txt

```
cmake_minimum_required(VERSION 2.8.3)
project(tutorial_topic)

find_package(catkin REQUIRED COMPONENTS
  roscpp
  std_msgs
)

catkin_package()

include_directories(${catkin_INCLUDE_DIRS})
```

```
add_executable(publisher src/publisher.cpp)
target_link_libraries(publisher ${catkin_LIBRARIES})

add_executable(subscriber src/subscriber.cpp)
target_link_libraries(subscriber ${catkin_LIBRARIES})
```

CMakeLists.txtの内容は前章で扱ったものと大きく変わりません．今回はstd_msgsパッケージを利用するので，find_packageの部分にroscppだけでなくstd_msgsも記述しています．また，publisher，subscriberという2つの実行ファイルを生成するので，add_executableおよびtarget_link_librariesも2組を記述しています．

■ パッケージのビルド＆ノードの実行

パッケージのビルドを行います．cdコマンドでワークスペースディレクトリに移動し，catkin_makeコマンドを入力してください．今回はCATKIN_WHITELIST_PACKAGESオプションを使ってtutorial_topicパッケージのみをビルドします．なお，このオプションは一度使うと記憶されるため，次回以降catkin_makeコマンドを実行した際には，最後に指定したパッケージのみがビルドされます．srcディレクトリに格納されているすべてのパッケージをビルドする設定に戻すには，「-DCATKIN_WHITELIST_PACKAGES=""」とオプションを空で指定してください．

【ビルド】

```
R $ cd ~/catkin_ws
R $ catkin_make -DCATKIN_WHITELIST_PACKAGES="tutorial_topic"
```

前章のサンプルプログラムよりもコード量が多いので，タイプミスなどによるエラーが発生する可能性もあります．エラーが発生した場合，ソースコードやCMakeLists.txtの内容をよく確認してみましょう．よくあるのがsubscriberのコールバック関数の戻り値や引数が間違っているパターンです．

ビルドが完了したら動作確認を行います．以下の各コマンドを別々の端末に入力して，それぞれのノードを起動してください．なお，roscoreがすでに起動している場合は，rosrunでノードのみを起動してください．

【実行】

```
R $ roscore
```

```
R $ rosrun tutorial_topic subscriber
```

```
R $ rosrun tutorial_topic publisher
```

第6章 Topicを用いた通信

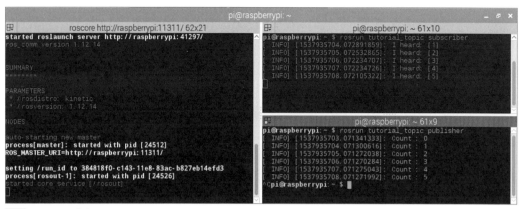

図3 ノードの実行画面

図3は実行画面です．よく見るとsubscriberノード側で「0」を受信できていないことがわかります．これはpublisher側で設定した「number」という名前のTopicがROS Masterに登録されるより前に，最初のPublishが行われてしまっているためです．Topic通信は非同期的な要素が強いため，あまり気にしなくてもよいと思いますが，気になる場合はTopicの登録を行うadvertise関数の後に一定時間処理を休止させると，0から受信できるようになります．

【publisher.cppの修正】

```
/*** PublishするTopicの登録 ***/
ros::Publisher pub = nh.advertise<std_msgs::Int32>("number", 10);
```

⬇

```
/*** PublishするTopicの登録 ***/
ros::Publisher pub = nh.advertise<std_msgs::Int32>("number", 10);
ros::Duration(1.0).sleep();
```

再度ビルドして実行すると，**図4**のように，0から受信できるようになっています．

図4 publisher修正後の実行画面

6.3 独自型を使ったTopic通信

Topic通信ではプリミティブ型は使えないため，ラッパーされたメッセージ型を使わなければならないと前節で説明しました．前節のサンプルプログラムではint型の代わりに，std_msgsパッケージのInt32というメッセージ型を扱っています．std_msgsはintやdoubleなどC/C++言語で使えるほとんどすべてのプリミティブ型をサポートしています．代表的なものを表1に示します．std_msgsで使えるすべての型は以下のROS公式サイトで見ることができます．

● std_msgs

http://wiki.ros.org/std_msgs

表1 std_msgsとの対応表

C/C++	std_msgs
bool	Bool
char	Char
short	Int16
int	Int32
long	Int64
float	Float32
double	Float64
std::string	String

また，配列にも対応しており，それぞれの型の後に「MultiArray」を付けると可変長配列として扱われます（※一部の型は対応していません）．例えば，Int32MultiArrayはstd::vector<int>になります．

ROSではstd_msgs以外にもパッケージが多数用意されており，ロボットの位置情報や座標を表すのに便利な「geometry_msgs」，ジョイスティックやLiDAR，カメラなどのセンサー情報を表すのに便利な「sensor_msgs」，自律走行を行う際に有用な「nav_msgs」などがあります．それぞれのメッセージ型は以下から確認できます．

● common_msgs

http://wiki.ros.org/common_msgs

メッセージ型は，ROS公式で用意されているもの以外に独自のものを作ることも可能です．ただし，独自のメッセージ型は，特定のノードにとっては非常に便利でも，他のノードとの親和性を低くしてしまう危険性があります．どうしても必要な場合のみ独自のメッセージ型を定義し，基本的にはROS公式のメッセージ型を使うようにしましょう．

第6章 Topicを用いた通信

■ メッセージ型の定義

前節で作成したtutorial_topicパッケージに，std_msgs::Int32型のメッセージにタイムスタンプを付加した独自のメッセージ型を定義します．下記のコマンドを実行し，msgディレクトリとInt32Stamped.msgファイルを作成します．

```
R $ mkdir ~/catkin_ws/src/tutorial_topic/msg
R $ touch ~/catkin_ws/src/tutorial_topic/msg/Int32Stamped.msg
```

パッケージの構成が複雑になってきたので一度整理します．tutorial_topicパッケージが**図5**のような構成になっているか確認してください．

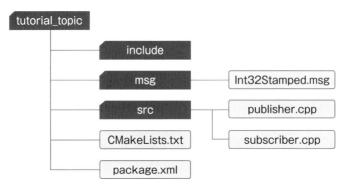

図5 tutorial_topicパッケージの構成

次に，Int32Stamped.msgファイルを編集します．ここでは32bit符号あり整数とタイムスタンプが含まれるメッセージを定義します．

Int32Stamped.msg
```
Header header
int32 data
```

これはC言語でいう構造体のようなものです．今回の例ではHeaderやint32が型でheader，dataがメンバに該当します．メッセージファイルで型として使えるものを以下に示します．

- int8，int16，int32，int64
- uint8，uint16，uint32，uint64
- float32，float64
- bool
- string
- time，duration
- 他のmsgファイルで定義されているメッセージ型
- 以上の型の配列型（型の後に[ ]を付ける）
- Header（タイムスタンプ，座標情報が含まれる）

6.3 独自型を使ったTopic通信

記述の例として，geometry_msgsのPoseを独自の型に取り込みたい場合，配列を利用したい場合をそれぞれ示します．配列の場合は，可変長配列と固定長配列で定義の仕方が異なりますので注意してください．

【geometry_msgs の Pose を利用する例】

```
geometry_msgs/Pose pose
```

【配列を利用する例】

```
int32[] vec     ← 可変長配列( std::vector )として定義される
int32[4] array  ← 固定長配列( std::array )として定義される
```

■ CMakeLists.txt の編集

tutorial_topicパッケージのCMakeLists.txtを編集して，msgファイルからC/C++言語で利用できるヘッダファイルが生成されるようにします．前節から変わらない部分は省略しています．

CMakeLists.txt

```
### 省略 ###
find_package(catkin REQUIRED COMPONENTS
  roscpp
  std_msgs
  message_generation   ← メッセージファイルの生成に使用
)

add_message_files(
  FILES
  Int32Stamped.msg
)
generate_messages(DEPENDENCIES std_msgs)
catkin_package()
### 省略 ###
```

- add_message_files

生成したいメッセージファイル（*.msg）を記述します．ここに記述されたメッセージファイルが後のgenerate_messagesで処理されます．

- generate_messages

メッセージファイルをC/C++で使えるヘッダファイルに変換します．DEPENDENCIESの後に依存するパッケージ名を入力します．今回はメッセージにHeader型を使いますので，std_msgsを記述しています．

■ ヘッダファイルの生成

メッセージファイルをヘッダファイルに変換するために，パッケージのビルドを行います．

```
R $ cd ~/catkin_ws
R $ catkin_make -DCATKIN_WHITELIST_PACKAGES="tutorial_topic"
```

第6章 Topicを用いた通信

正常にビルドが完了すると，ワークスペースのdevel/include/tutorial_topicディレクトリにInt32Stamped.hというヘッダファイルが生成されます．lsコマンドでファイルがあるか確認してみましょう．

```
R $ ls devel/include/tutorial_topic
    Int32Stamped.h
```

◼ ソースコードの編集（publisher.cpp）

tutorial_topicパッケージのpublisher.cppファイルを編集します．std_msgs::Int32型のTopicをtutorial_topic::Int32Stamped型に変更します．

publisher.cpp

```cpp
#include <ros/ros.h>
#include <tutorial_topic/Int32Stamped.h>

int main(int argc, char **argv)
{
  using tutorial_topic::Int32Stamped;
  /*** ROSノードの初期化 ***/
  ros::init(argc, argv, "publisher");
  ros::NodeHandle nh;
  /*** PublishするTopicの登録 ***/
  ros::Publisher pub = nh.advertise<Int32Stamped>("number", 10);
  ros::Duration(1.0).sleep();
  /*** ループ間隔の設定 ***/
  ros::Rate loop_rate(1);
  /*** Publishする変数の定義 ***/
  Int32Stamped cnt;
  cnt.data = 0;
  cnt.header.stamp = ros::Time::now();
  /*** 無限ループ ***/
  while (ros::ok())
  {
    /*** 現在のcnt変数の値を表示 ***/
    ROS_INFO("Count : %d", cnt.data);
    /*** cnt変数をPublish ***/
    pub.publish(cnt);
    /*** cnt変数をインクリメント ***/
    cnt.data++;
    cnt.header.stamp = ros::Time::now();
    /*** ループ間隔が1秒になるように待機 ***/
    loop_rate.sleep();
  }
  return 0;
}
```

基本的にstd_msgs::Int32だった部分をInt32Stampedに変更しているだけです．main関数のはじめで以下のように記述しているため，以降はtutorial_topicという名前空間を省略して記述しています．

```
using tutorial_topic::Int32Stamped
```

また，cnt.dataの数値を更新した時点でのタイムスタンプをcnt.header.stampに代入するようにしています．タイムスタンプはros::Time::now関数で取得できます．

■ ソースコードの編集（subscriber.cpp）

subscriber.cppも同様の編集を行います．コールバック関数で受信した数値を表示する際に一緒にタイムスタンプも表示するようにします．main関数は変更なしのため，省略しています．

subscriber.cpp

```cpp
#include <ros/ros.h>
#include <tutorial_topic/Int32Stamped.h>

/*** Topicを受信すると呼ばれるコールバック関数 ***/
void onNumberSubscribed(const tutorial_topic::Int32Stamped &msg)
{
  /*** 受信したデータを表示 ***/
  ROS_INFO("I heard: [%d], Timestamp: [%lf]", msg.data, msg.header.stamp.toSec());
}

/*** 以下省略 ***/
```

■ パッケージのビルド & ノードの実行

パッケージのビルドと動作確認を行います．

【ビルド】

```
R $ cd ~/catkin_ws
R $ catkin_make -DCATKIN_WHITELIST_PACKAGES="tutorial_topic"
```

【実行】

```
R $ roscore    ← 実行済みの場合、不要
```

```
R $ rosrun tutorial_topic subscriber
```

```
R $ rosrun tutorial_topic publisher
```

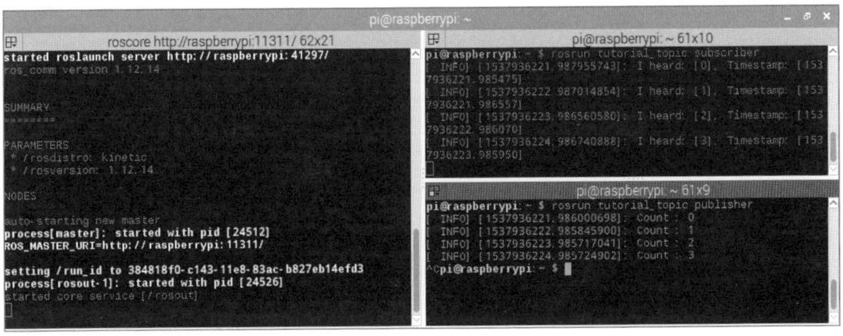

図6 ノードの実行画面

図6に示すようにsubscriberの画面（図中右上の端末）でタイムスタンプが表示されていれば成功です．独自のメッセージ型を使ってTopic通信が行われています．

重要ですので繰り返しますが，独自のメッセージ型を使うと，一般公開されている他のROSパッケージとの親和性が低くなります．できる限り，ROS標準で使えるメッセージ型を利用しましょう．

6.4 ノンブロッキングなSubscribe（spinOnce）

ここまでのサンプルプログラムではTopicをSubscribeする際にspin関数を使ってきました．spinはノードを中断するまでコールバックの監視を行うブロッキング関数です．複数のノードからTopicをSubscribeしてmain関数内で扱う場合，spinは使うことができません．ここではそのような場合に有効な手段として，「spinOnce関数」を紹介します．

spinOnce関数はノンブロッキング関数で，SubscribeしたいTopicがPublishされているか確認して，Publishされていればコールバック関数を呼び出し，Publishされていなければ何もせずに終了します．TopicにデータがあるかどうかにかかわらずspinOnce呼び出し箇所以降の処理に到達しますので，main関数内で他の処理を行うことができるようになります．spinOnce関数を使った処理のイメージを図7に示します．

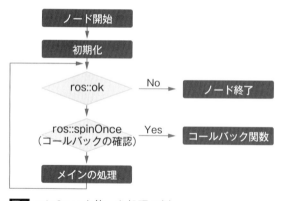

図7 spinOnceを使った処理の例

■ ソースコードの編集

Publish側のノードは前節のpublisher.cppをそのまま使いますので，Subscribe側ノードのみを作成します．subscriber_once.cppという名前でファイルを作成し，編集を行います．

```
R $ touch ~/catkin_ws/src/tutorial_topic/src/subscriber_once.cpp
```

subscriber_once.cpp

```cpp
#include <ros/ros.h>
#include <tutorial_topic/Int32Stamped.h>
/*** グローバル変数の定義 ***/
static tutorial_topic::Int32Stamped g_number;

/*** Topicを受信すると呼ばれるコールバック関数 ***/
void onNumberSubscribed(const tutorial_topic::Int32Stamped &msg)
{
  /*** 受信したTopicをグローバル変数にコピー ***/
  g_number = msg;
}

int main(int argc, char **argv)
{
  /*** ROSノードの初期化 ***/
  ros::init(argc, argv, "subscriber");
  ros::NodeHandle nh;
  /*** SubscribeするTopicの設定＆コールバック関数の登録 ***/
  ros::Subscriber sub = nh.subscribe("number", 10, onNumberSubscribed);
  /*** ループ間隔の設定 ***/
  ros::Rate loop_rate(1);
  /*** 無限ループ ***/
  while(ros::ok()){
    /*** コールバックキューの確認 ***/
    ros::spinOnce();
    /*** 受信したTopicデータの表示 ***/
    ROS_INFO("Number : %d, Time : %lf", g_number.data, g_number.header.stamp.toSec());
    /*** 周期が1秒になるように待機 ***/
    loop_rate.sleep();
  }
  return 0;
}
```

　コールバック関数とmain関数間のデータのやりとりにはグローバル変数を使っています．あまりスマートな方法ではありませんが，複数のTopicをSubscribeしてmain関数内でまとめて処理させたい場合に簡単に実現できるため，このように実装しています．なお，コールバック関数も同一スレッド内で処理されていますので，同期処理を行う必要はありません．

　このコードでは，コールバックの確認は1秒に1回としています．タイミングによってはSubscribeするTopicを取りこぼしてしまう可能性があります．取りこぼさないためにはwhileループの周期を短くすればよいのですが，そうすると今度はROS_INFO関数での表示周期も短くなってしまいます．spinOnce関数を使うとコールバックの確認がwhileループの周期に影響されてしまうため，Topicを取りこぼさず処理したい場合は次節で紹介する方法を用いるのがよいでしょう．

第6章 Topicを用いた通信

■ CMakeLists.txt の編集

新たに subscriber_once ノードを生成するように，末尾に以下の記述を追加してください．

CMakeLists.txt

```
### 省略 ###
add_executable(subscriber_once src/subscriber_once.cpp)
target_link_libraries(subscriber_once ${catkin_LIBRARIES})
```

■ パッケージのビルド & ノードの実行

パッケージのビルドと動作確認を行います．publisher ノードは，前節で作成したものを起動します．

【ビルド】

```
R $ cd ~/catkin_ws
R $ catkin_make -DCATKIN_WHITELIST_PACKAGES="tutorial_topic"
```

【実行】

```
R $ roscore   ← 実行済みの場合、不要
```

```
R $ rosrun tutorial_topic subscriber_once
```

```
R $ rosrun tutorial_topic publisher
```

図8 ノードの実行画面

図8（右上の端末）は subsciber ノードの実行結果です．Topic が Publish されていない状態でも，subscriber ノードでは数値が表示され続けます．また，Topic が Publish されると，コールバック関数で受け取った数値がグローバル変数にコピーされ，main 関数で表示されることが確認できます．

6.5 ノンブロッキングな Subscribe（AsyncSpinner）

　spinOnce関数では，whileループの中でコールバックキューを確認し，TopicがPublishされている場合のみコールバック関数を呼び出していました．この方法では，コールバックキューの確認がwhileループの周期に影響されますので，適切なタイミングでコールバックが発生しない可能性があります．TopicがPublishされるタイミングに合わせてコールバック関数を呼び出したい場合，AsyncSpinnerを使います．

　AsyncSpinnerは，main関数とは別のスレッドで常にコールバックキューを監視する方法です．main関数とは別のスレッドでspin関数を実行していると考えればイメージしやすいかと思います．

　AsyncSpinnerを使った処理のイメージを，図9のフローチャートに示します．2つの処理を同時に行っているので一見すると複雑に感じますが，それぞれのスレッドで行っていることは非常に単純です．

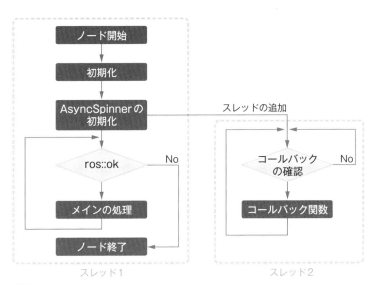

図9 AsyncSpinner使った処理の例

◢ ソースコードの編集

　Publish側のノードは前節同様，publisher.cppを流用します．Subscribe側のノードはsubscriber_async.cppという名前でファイルを作成し，以下の編集を行います．

　ソースコードが長くなってきましたが，基本的な部分はこれまでのsubscriberノードと変わっていません．

```
R $ touch ~/catkin_ws/src/tutorial_topic/src/subscriber_async.cpp
```

第6章 Topicを用いた通信

subscriber_async.cpp

```cpp
#include <ros/ros.h>
#include <tutorial_topic/Int32Stamped.h>
#include <mutex>
/*** グローバル変数の定義 ***/
static tutorial_topic::Int32Stamped g_number;
static std::mutex g_mutex;

/*** Topicを受信すると呼ばれるコールバック関数 ***/
void onNumberSubscribed(const tutorial_topic::Int32Stamped &msg)
{
  /*** 関数を抜けるまでmutexをlock ***/
  std::lock_guard<std::mutex> lock(g_mutex);
  /*** 受信したTopicをコピー ***/
  g_number = msg;
}

int main(int argc, char **argv)
{
  /*** ROSノードの初期化 ***/
  ros::init(argc, argv, "subscriber");
  ros::NodeHandle nh;
  /*** SubscribeするTopicの設定＆コールバック関数の登録 ***/
  ros::Subscriber sub = nh.subscribe("number", 10, onNumberSubscribed);
  /*** ループ間隔の設定 ***/
  ros::Rate loop_rate(1);
  /*** AsyncSpinnerの初期化 ***/
  ros::AsyncSpinner spinner(1);
  spinner.start();
  /*** 無限ループ ***/
  while(ros::ok()){
    /*** mutexをlock ***/
    g_mutex.lock();
    /*** 受信したTopicデータの表示 ***/
    ROS_INFO("Number : %d, Time : %lf", g_number.data, g_number.header.stamp.toSec());
    /*** mutexをunlock ***/
    g_mutex.unlock();
    /*** 周期が1秒になるように待機 ***/
    loop_rate.sleep();
  }
  return 0;
}
```

今回のキーとなるAsyncSpinnerについて解説します．

```
ros::AsyncSpinner spinner(n)
```

AsyncSpinnerは上記の形で宣言し，コンストラクタに与えた「n」の値だけコールバックキューを監視するスレッドを立てます．通常は1つスレッドを立てれば事足りるので，サンプルプログラムのように1を引数として与えます．あまり増やしすぎると他のノードのパフォーマンスが低下する可能性がありますので，必要な分を考えて使いましょう．

もう一つのポイントはmutexによるスレッド間変数の同期処理を行っている点です．コールバック関数を処理するスレッドとmain関数を処理するスレッドは別々ですが，両方の関数で同じグローバル変数g_numberを使用しています．このため，片方の関数がg_numberにアクセスしている間はもう一方の関数の処理を停止させ，両方の関数が同時にg_numberにアクセスすることがないようにしています．

◢ CMakeLists.txtの編集

今回はC++11規格の機能を使いますので，CMakeLists.txtにオプションを追加します．また，subscriber_asyncノードを生成するように記述します．

CMakeLists.txt

```
cmake_minimum_required(VERSION 2.8.3)
project(tutorial_topic)
set(CMAKE_CXX_FLAGS "-std=c++11 ${CMAKE_CXX_FLAGS}")

### 省略 ###

add_executable(subscriber_async src/subscriber_async.cpp)
target_link_libraries(subscriber_async ${catkin_LIBRARIES})
```

CMAKE_CXX_FLAGS変数に「-std=c++11」というオプションを追加して，C++11規格の機能が使えるようにしています．

◢ パッケージのビルド & ノードの実行

パッケージのビルドと動作確認を行います．publisherノードは前に作ったものを起動します．

【ビルド】

```
R $ cd ~/catkin_ws
R $ catkin_make -DCATKIN_WHITELIST_PACKAGES="tutorial_topic"
```

【実行】

```
R $ roscore    ← 実行済みの場合、不要
```

```
R $ rosrun tutorial_topic subscriber_once
```

```
R $ rosrun tutorial_topic publisher
```

実行結果は**図10**のようになります．実行結果はspinOnceを使ったときと同じですね．SubscribeするTopicの周期が短い場合やSubscribeするTopicの周期にバラツキがある場合は，AsyncSpinnerを使って別スレッドでコールバックキューを監視したほうが高パフォーマンスになることが多いです．状況により使い分けられるようにしましょう．

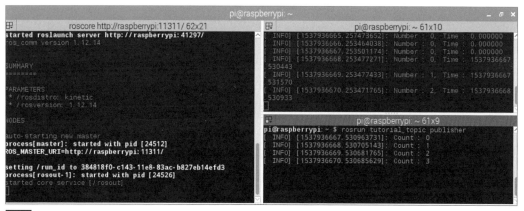

図10 ノードの実行画面

6.6 Subscribeの同期方法

　前節の方法を使えば，複数のTopicをSubscribeして，Subscribeしたデータを統合して処理したい場合でも対応できるようになります．Subscribeするのが小さなデータであれば，コールバック関数の中でグローバル変数にコピーするということもできますが，3D-LiDARの点群データや画像データなどの場合，データ容量が大きいため，グローバル変数にコピーすると処理時間が長くかかってしまいます．できればコールバック関数の中ですべての処理を行うのが望ましいのですが，複数のデータを統合して扱う場合（例えば，ステレオカメラで2つのカメラから画像TopicをSubscribeし，まとめて処理したい場合）これまでの方法ではうまくいきません．

　そこで登場するのが「message_filters」パッケージです．message_filtersを使うと，**図11**に示すように複数のTopicをまとめて1つのコールバック関数で処理ができるようになります．

　今回はmessage_filtersの「ApproximateTimeポリシー」という機能を使い，Topicに含まれるタイムスタンプからTopic間の同期を取る方法について説明します．

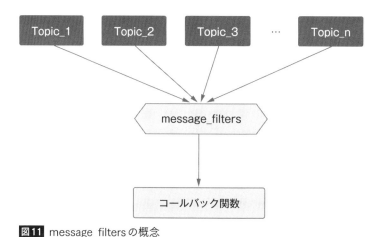

図11 message_filtersの概念

6.6 Subscribeの同期方法

■ ソースコードの編集

Subscribe側のノードのみを編集します．次のとおり，subscriber_filters.cppファイルを作成してください．

```
R $ touch ~/catkin_ws/src/tutorial_topic/src/subscriber_filters.cpp
```

subscriber_filters.cpp

```cpp
#include <ros/ros.h>
#include <message_filters/subscriber.h>
#include <message_filters/sync_policies/approximate_time.h>
#include <tutorial_topic/Int32Stamped.h>

using tutorial_topic::Int32Stamped;
using tutorial_topic::Int32StampedConstPtr;
/*** Topicを受信すると呼ばれるコールバック関数 ***/
void onNumbersSubscribed(const Int32StampedConstPtr &msg1, const Int32StampedConstPtr &msg2)
{
  /*** 受信したデータを表示 ***/
  ROS_INFO("I heard: [%d, %d]", msg1->data, msg2->data);
}

int main(int argc, char **argv)
{
  using message_filters::sync_policies::ApproximateTime;
  using message_filters::Synchronizer;
  /*** ROSノードの初期化 ***/
  ros::init(argc, argv, "subscriber");
  ros::NodeHandle nh;
  /*** message_filtersの初期化 ***/
  typedef ApproximateTime<Int32Stamped, Int32Stamped> SyncPolicy;
  message_filters::Subscriber<Int32Stamped> sub1(nh, "number1", 10);
  message_filters::Subscriber<Int32Stamped> sub2(nh, "number2", 10);
  Synchronizer<SyncPolicy> sync_msgs(SyncPolicy(10), sub1, sub2);
  sync_msgs.registerCallback(boost::bind(&onNumbersSubscribed, _1, _2));
  /*** コールバックを待機 ***/
  ros::spin();
  return 0;
}
```

- onNumbersSubscribed

TopicをSubscribeした際に呼び出されるコールバック関数です．引数にはSubscribeしたい型にConstPtrを付与した型を指定します．今回はInt32Stamped型をSubscribeしますので，Int32StampedConstPtrとしています．また，タイムスタンプを用いて同期を取る場合，SubscribeするTopicには必ずHeader（タイムスタンプ）が含まれていなければなりません．

- message_filters::sync_policies::ApproximateTime

今回はTopicに格納されているタイムスタンプを基準としてTopic間の同期を取るため，ApproximateTimeというポリシーを使います．ApproximateTimeクラスのテンプレートとして，SubscribeしたいTopicの型を指定します．ここではInt32Stamped型のTopicを2つSubscribeしますので，次に示すクラスとして同期ポリシーを宣言しています．

第6章 Topicを用いた通信

```
ApproximateTime<Int32Stamped, Int32Stamped>
```

なお，型の名前が長く，コードが冗長になってしまうため，サンプルプログラムの中ではtypedefを用いてSyncPolicyという名前を与えています．

- message_filters::Subscriber

Subscriberクラスはこれまで使ってきたものではなく，message_filtersパッケージで定義されているSubscriberクラスを用います．テンプレートにSubscribeするTopicの型を，コンストラクタの第1引数にノードハンドラ，第2引数にTopic名，第3引数にバッファ容量を指定します．

- Synchronizer

Topic間の同期をとるためのクラスです．テンプレートに同期ポリシー（ここではSyncPolicy）を与えます．コンストラクタの第1引数にテンプレートで与えた同期ポリシーのインスタンスを，第2引数以降にmessage_filters::Subscribers型のインスタンスを与えます．

- Synchronizer::registerCallback

コールバックの登録を行います．コールバック関数の指定には，boost::bindを用います．message_filtersで同期を取りたいTopicの数だけプレースホルダーの数（_1, _2など）を指定してください．なお，ApproximateTimeポリシーは最大で9個のTopicの同期を取ることが可能です．

■ CMakeLists.txtの編集

ノードを生成するための記述と，find_packageへのパッケージの追加を行います．

CMakeLists.txt

```
### 省略 ###
find_package(catkin REQUIRED COMPONENTS
  roscpp
  std_msgs
  message_generation
  message_filters
)

### 省略 ###
add_executable(subscriber_filters src/subscriber_filters.cpp)
target_link_libraries(subscriber_filters ${catkin_LIBRARIES})
```

■ パッケージのビルド & ノードの実行

パッケージをビルドして，subscriber_filtersノードが正常に機能するか確認します．ビルドが正常に通ったらsubscribe_filtersノードの実行を行います．

【ビルド】

```
R $ cd ~/catkin_ws
R $ catkin_make -DCATKIN_WHITELIST_PACKAGES="tutorial_topic"
```

ところで，subscriber_filtersノードは2つのTopic（number1，number2）をSubscribeすることを前提とする機能ですが，publisherノードでは1つのTopic（number）しかPublishしておらず，数が合いません．そこで，「Remapping」機能を使います．この機能を使うと，ノードやTopicの名前を変更して扱うことが可能です．試しに下記のコマンドを1行ずつ，別々の端末に入力して，publisherノードからPublishされるTopicの名前を変更してみましょう．

【実行】

```
R $ roscore    ← 実行済みの場合、不要
```

```
R $ rosrun tutorial_topic subscriber_filters
```

```
R $ rosrun tutorial_topic publisher /number:=/number1
```

```
R $ rosrun tutorial_topic publisher /number:=/number2
```

図12 ノードの実行画面（Topic名をリマップ）

図12の右上の端末を見てみますと，2つ目のpublisherを起動したタイミングで1つ目のpublisherが強制終了されていることがわかります．ROSでは同じ名前のノードを複数立ち上げることはできないので，ノード名も変更する必要があります．publisherノードをすべて終了させて，次のようにノード名を指定した各コマンドを入力し，ノードを起動し直します．

【実行】

```
R $ rosrun tutorial_topic publisher /number:=/number1 /publisher:=/publisher1
```

```
R $ rosrun tutorial_topic publisher /number:=/number2 /publisher:=/publisher2
```

第6章 Topicを用いた通信

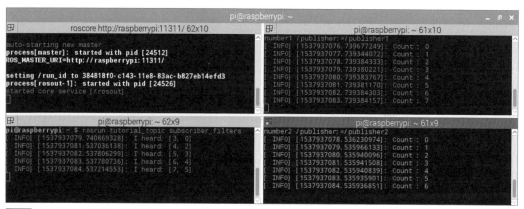

図13 ノードの実行画面（Topic名，ノード名の両方をリマップ）

subscriber_filtersを実行している端末にnumber1, number2のTopicの値が表示されています（**図13**）．

message_filtersを使うことで，複数のTopicをまとめて1つのコールバック関数で処理できるようになりました．前節までと違って，Subscribeしたデータをコピーする必要がなくなるため無駄をなくすことができ，画像やLiDARの点群などデータ量が大きい場合も処理がスムーズになります．本章で扱った内容をもとに，どのような手法でTopicをSubscribeするのがよいのか検討できるようになれば，もう中級以上の立派なROS技術者です．

なお，message_filtersには今回使用したApproximateTimeポリシー以外にもさまざまなポリシーがあります．ROS公式サイトに詳しく載っていますので，下記のURLを参照してください．また，Remappingについての解説ページURLも示しておきます．

● message_filters

http://wiki.ros.org/message_filters

● Remapping

http://wiki.ros.org/Remapping Arguments

column

ROSと命名規則

◆ 命名規則はなぜ重要なのか？

　プログラミングを始めたばかりの頃，規模の大きいソースコードを記述し，数日経ってからそのコードを見直すと，何の処理をしているのかわからなくなる経験をした方もいるのではないでしょうか？変数や関数の名前を適当に付けてしまうと自分が書いたコードですら数日経つとわからなくなるのに，他人が書いたコードで命名規則がいい加減だったらなおさらですよね．

　第5章の最後で紹介したROSのC++スタイルガイドでは，変数や関数に「a」や「b」など意味のない名前を付けず，その変数や関数が何を示すのかわかるような名前を付けるように推奨しています．本書でもサンプルコードで用いている変数・関数にはなるべく意味のある命名をしています．

　また，変数の種類によって名前の付け方も変わってきます．例えばグローバル変数なら変数名の頭に「g_」を付ける，定数であればすべて大文字で記述する，クラスのメンバ変数なら変数名の末尾に「_」を付けるなどの区別をします．そうすることにより，ソースコードを眺めたときに変数の種類がパッと見ただけでわかり，頭の中で整理しやすくなるためです．

◆ ROSの命名規則

　C++のソースコードだけでなく，ROSにも推奨される命名規則がありますので，代表的なものをいくつか説明します．なお，こちらもROSのC++スタイルガイドに詳しく記述されていますので，そちらも併せて参照してください．

・**パッケージ名**

　すべて小文字の単語をアンダースコアで接続して記述します．パッケージ名に推奨されるスタイル以外を設定すると，catkin_create_pkgコマンドを実行した際に下図のような警告が表示されます．

　例：○ tutorial_topic，× TutorialTopic

```
kanuki@ubuntu:~/catkin_ws/src$ catkin_create_pkg TutorialTopic roscpp std_msgs
WARNING: Package name "TutorialTopic" does not follow the naming conventions. It
 should start with a lower case letter and only contain lower case letters, digi
ts, underscores, and dashes.
Created file TutorialTopic/package.xml
```

・**Topic名/Service名/Parameter名**

　すべて小文字の単語をアンダースコアで接続して記述します．また，名前からそのTopic，Service，Parameterが何を表しているのかわかるような名前を付けます．

　例：○ /velocity，○ /set_exposure，× /v，× /SetExposure

・**ソースファイル名**

　すべて小文字の単語をアンダースコアで接続して記述します．拡張子は.cppまたは.hを使うことが推奨されています．

　例：○ publisher.cpp，× Publisher.cpp

第2部 ROSプログラミング基礎編

第7章

Serviceを用いた通信

　Topic通信では，Publish側のノードはPublishしたTopicがSubscribeされたかどうかを知ることはできません．Topic通信は相手側を一切気にする必要がないので，気軽に使える反面，以下のような場合には少し不便です．

- 相手のノードにデータが届いたか知りたい
- 送ったデータに対する応答がほしい
- データを送る回数が一定である

　上記に該当する場合，Topic通信の代わりに「Service」機能を使うと便利です．本章ではこのServiceを用いた通信について解説します．

7.1 Serviceとは？

　Serviceはノード同士が通信を行うための方法の一つで，Topic通信が不特定多数のノードに非同期的にデータを送るのに対し，Serviceでは特定のノードに同期的にデータを送り，応答を得ることができます．Topic通信とServiceの通信方法の違いを**図1**に示します．

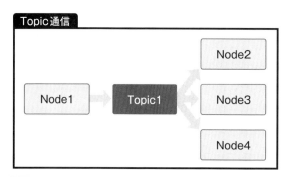
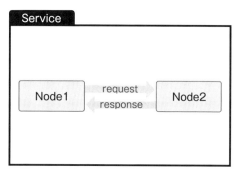

図1 Topic通信とServiceの違い

Topic通信とServiceの仕組みを理解し，実際にプログラムを作成しながら，どちらが適しているのか感覚的に使い分けられるようにしましょう．

例えば，Topic通信は，何度もデータを送信する必要があってノード間の同期を取る必要がない場合（ロボットの位置情報の送信，速度司令の送信など）に適しています．一方，Serviceは，データ送信は一度でよいがデータが適切に届いているか知りたい場合や，送ったデータに対して何らかの応答が得たい場合（カメラ解像度の切り替え，LiDARのスキャン速度の変更など）に有効です．

7.2 Serviceを利用したノードの作成

Serviceでは，Service提供側ノード（**図1**（右）のNode2）に対して，Service呼び出し側ノード（同Node1）から「request」を送ると，Service提供側ノードで処理を行ったうえで「response」を返します．

C/C++でいうところの関数呼び出しによく似ており，関数に例えると，requestが引数に，responseが戻り値に該当します．さらに，C/C++の戻り値と違って，Serviceのresponseには複数の値を入れることも可能です．

では，実際にServiceを利用したノードを作成して，Serviceに対する理解を深めていきましょう．最初はシンプルなものを作ります．

■ パッケージの作成

Serviceのチュートリアル用に新たにパッケージを作成しましょう．作成するパッケージ名は「tutorial_service」，依存パッケージは「roscpp」「message_generation」「std_srvs」の3つです．

```
R $ cd ~/catkin_ws/src
R $ catkin_create_pkg tutorial_service roscpp message_generation std_srvs
```

std_srvsは，ROSにデフォルトで含まれているServiceの型（**図1**でいうrequestとresponseの型）が定義されているパッケージです．Serviceの処理自体はソースコードに記述しますが，Serviceの型はTopic通信のメッセージ型と同様，ソースコードとは別に定義します（詳細は7.3節を参照）．

Topic通信と同様，Serviceも，提供側と利用側の2種類のノードが必要です．作成したパッケージのsrcディレクトリに「service_server.cpp」「service_client.cpp」ファイルを作成します．

```
R $ touch ~/catkin_ws/src/tutorial_service/src/service_server.cpp
R $ touch ~/catkin_ws/src/tutorial_service/src/service_client.cpp
```

■ ソースコードの編集（service_server.cpp）

　Service提供側ノードから編集します．最初ですので，Serviceを呼び出すと「Hello World」と表示される，簡単な機能のノードを作成します．なお，Serviceの型は「std_srvs::Empty」型を使用します．Empty型はrequest，responseともに値を取らない型で，Serviceを呼び出す処理のみを行う場合に使います．

service_server.cpp

```cpp
#include <ros/ros.h>
#include <std_srvs/Empty.h>

using namespace std_srvs;

/*** Serviceのコールバック関数 ***/
bool serviceSayHello(EmptyRequest &req, EmptyResponse &res)
{
  ROS_INFO("Hello World");
  return true;
}

int main(int argc, char **argv)
{
  /*** ROSノードの初期化 ***/
  ros::init(argc, argv, "service_server");
  ros::NodeHandle nh;
  /*** 提供するServiceの登録 ***/
  ros::ServiceServer srv = nh.advertiseService("say_hello", serviceSayHello);
  /*** コールバックを待機 ***/
  ros::spin();
  return 0;
}
```

- serviceSayHello

　Serviceの実体となるコールバック関数です．関数名はどのようなものでも構いませんが，戻り値はbool型，引数はどちらも参照渡しで，EmptyRequest型（[Serviceの型] + Request），EmptyResponse型（[Serviceの型] + Response）とします．正確にはstd_srvs::EmptyRequest，std_srvs::EmptyResponseですが，using namespaceで名前空間を宣言しているため，記述を省略しています．関数内にServiceで行いたい処理を書き，最後に必ずtrueを返すようにします．戻り値をtrueで返すことによって，呼び出し側ノードでServiceが正常に呼び出せたかどうか判断できるようにするためです．

- ros::NodeHandle::advertiseService

　提供したいServiceの登録を行います．第1引数にService名，第2引数にServiceの実体となるコールバック関数を指定します．

- ros::spin

　Serviceのコールバックを待機するため，Service提供側ノード内で使用しています．Topic通信でも使用しましたが，Topic通信/Serviceの別にかかわらず，コールバックを待機する場合にはros::spin関数やros::spinOnce関数を使います．覚えておくと便利です．

■ ソースコードの編集（service_client.cpp）

Service呼び出し側ノードを編集します．提供側同様，Serviceを呼び出すだけのシンプルなコードとしています．まずはServiceを利用する流れを掴んでみましょう．

service_client.cpp

```
#include <ros/ros.h>
#include <std_srvs/Empty.h>

int main(int argc, char** argv)
{
  using std_srvs::Empty;
  /*** ROSノードの初期化 ***/
  ros::init(argc, argv, "service_client");
  ros::NodeHandle nh;
  /*** 利用するServiceの登録 ***/
  ros::ServiceClient cli = nh.serviceClient<Empty>("say_hello");
  /*** Serviceの呼び出し ***/
  Empty args;
  bool ret = cli.call(args);
  if(ret) ROS_INFO("Success");
  else ROS_INFO("Failure");
  return 0;
}
```

- ros::NodeHandle::serviceClient<T>

利用するServiceを登録します．<T>の部分はテンプレートで，利用したいServiceの型を指定します．今回はstd_srvs::Empty型を指定しています．引数には利用したいServiceの名前を指定します．戻り値としてros::ServiceClient型のオブジェクトを返します．

- ros::ServiceClient::call

Serviceの呼び出しを行います．引数にはserviceClient関数のテンプレートで指定したServiceの型を変数として与えます．Serviceの型には必ずrequest，responseというメンバ変数が含まれており，Serviceの呼び出し時にはrequestを，結果の確認時にはresponseを利用します（ただし，今回利用するEmpty型ではrequest，responseともに利用できません）．call関数の戻り値としてはServiceの呼び出しの成否をbool型で得ることができます．

今回はServiceを正常に呼び出せたら（call関数の戻り値がtrueなら）「Success」，呼び出しに失敗したら（call関数の戻り値がfalseなら）「Failure」と表示されるようなプログラムを組んでいます．

■ CMakeLists.txtの編集

編集したソースコードからノードが生成されるように，CMakeLists.txtを編集します．

tutorial_serviceパッケージのCMakeLists.txtを開き，一旦すべて内容を消してから，次のように編集してください．

今回は，add_executable，target_link_librariesについて，コピーしやすいように，ノード名を「TARGET」変数に入力して利用しています．いかに少ない労力でコードを書くことができ

るか考えることも，開発をしていくうえで重要な能力です．

CMakeLists.txt

```
cmake_minimum_required(VERSION 2.8.3)
project(tutorial_service)
set(CMAKE_CXX_FLAGS "-std=c++11 ${CMAKE_CXX_FLAGS}")

find_package(catkin REQUIRED COMPONENTS
  message_generation
  roscpp
  std_srvs
)

catkin_package()

include_directories(${catkin_INCLUDE_DIRS})

set(TARGET "service_server")
add_executable(${TARGET} src/${TARGET}.cpp)
target_link_libraries(${TARGET} ${catkin_LIBRARIES})

set(TARGET "service_client")
add_executable(${TARGET} src/${TARGET}.cpp)
target_link_libraries(${TARGET} ${catkin_LIBRARIES})
```

■ パッケージのビルド & ノードの実行

パッケージをビルドし，動作確認を行います．

【ビルド】

```
R $ cd ~/catkin_ws
R $ catkin_make -DCATKIN_WHITELIST_PACKAGES="tutorial_service"
```

Serviceを扱うノードでビルド時によく発生するエラーの一つに，service_server.cppのコールバック関数（serviceSayHello）の戻り値がbool型になっていなかったというものがあります．ROSパッケージのビルドでは，あまり見かけないようなエラー内容で，どこが間違っているのかわかりづらいということも多いですが，慣れればアタリを付けられるようになっていきますので頑張りましょう．

パッケージのビルドに成功したらノードを実行して動作の確認をします．まずServiceの性質を確認するために，service_clientノードをservice_serverノードより先に起動させてみましょう．

【実行】

```
R $ roscore   ← 実行済みの場合、不要
R $ rosrun tutorial_service service_client
R $ rosrun tutorial_service service_server
```

図2 Serviceの呼び出し失敗

　Service提供側ノードを起動するより前に呼び出し側ノードを起動すると，呼び出し側ノードを起動した途端に処理が失敗で終了してしまいます．具体的には，呼び出したいServiceが存在しないため，ros::ServiceClient::call関数の戻り値がfalseとなり，画面に「Failure」と表示されます（**図2**）．このように，Serviceの呼び出しが正常に実行されたかどうかがプログラム上で判別できる点がServiceを使うメリットの一つです．

　今度は，service_serverノードを先に起動させて，Serviceが正常に動作するか確認します．

【実行】

```
R $ rosrun tutorial_service service_server
```

```
R $ rosrun tutorial_service service_client
```

　service_serverノードを実行した端末上では「Hello World」，service_clientノードを実行した端末上では「Success」と表示され，プログラムが正常に動作することが確認できます．

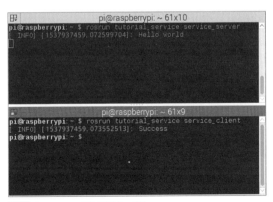

図3 Serviceの呼び出し成功

7.3 独自Service型の定義

Serviceを使うプログラムでは，独自の型を定義することができます．Topicのメッセージ型でも独自型が使えましたが，Serviceの場合は事情が異なります．Topicの独自型はどうしても必要な場合にのみ定義するものでした．一方，Serviceはデフォルトで利用できる型が非常に少なく，独自の型を定義することがほとんどです．参考までに，デフォルトで利用できるServiceの型を**表1**に示します．

表1 デフォルトで利用できるServiceの型

型名	request	response
Empty	なし	なし
SetBool	data (bool)	success (bool) message (string)
Trigger	なし	success (bool) message (string)

今回はstring型でテキストファイルのパスをrequestに与え，requestで与えられたテキストファイルの内容を読み込み，string型でresponseとして返すServiceを作成します．イメージとしては**図4**のようになります．

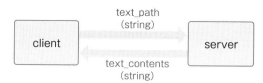

図4 作成するServiceのイメージ

■ Service型の定義

Service型の定義は「ReadText.srv」ファイルで行います．**図5**のディレクトリ構成になるよう，ディレクトリやファイルを適宜作成します．

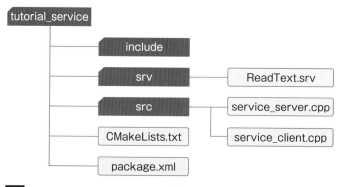

図5 tutorial_serviceパッケージの構成

ReadText.srv ファイルは次のように編集します．

ReadText.srv
```
string file_path
---
string file_contents
```

破線（---）よりも上が request に含まれる変数，破線よりも下が response に含まれる変数です．したがって，上記は，request に string 型の変数「file_path」，response に string 型の変数「file_contents」をそれぞれ定義していることになります．

Service ファイル（*.srv）で利用できる型は下記のとおりです．Topic 通信の独自型の定義で使えるものと同じです．また，geometry_msgs パッケージや sensor_msgs パッケージなど，他のパッケージで定義されているメッセージ型も利用できます．

- int8，int16，int32，int64
- uint8，uint16，uint32，uint64
- float32，float64
- bool
- string
- time，duration
- 他の msg ファイルで定義されているメッセージ型
- 以上の型の配列型（型の後に [] を付ける）
- Header（タイムスタンプ，座標情報が含まれる）

◾ CMakeLists.txt の編集

ソースコードの編集を行う前に，ここで一度 CMakeLists.txt を編集してパッケージをビルドし，定義した Service の型を C/C++ から利用できる形（ヘッダファイル）に変換します．

CMakeLists.txt
```
### 省略 ###
find_package(catkin REQUIRED COMPONENTS
  message_generation
  roscpp
  std_srvs
)

add_service_files(
  FILES
  ReadText.srv
)
generate_messages()

catkin_package()
### 省略 ###
```

- add_service_files

ヘッダファイルに変換したいServiceファイル（*.srv）を記述します．Serviceファイルが複数ある場合，対象の全ファイルを半角スペースまたは改行で区切って記述します．

- generate_messages

メッセージファイルをC/C++で利用できるヘッダファイルに変換する処理を行います．DEPENDENCIESの後に依存するパッケージ名を記述します．今回はプリミティブ型の「string」のみを使用するので，依存パッケージを記述する必要はありません．

■ ヘッダファイルの生成

tutorial_serviceパッケージをビルドして，ServiceファイルをC/C++言語で利用できるヘッダファイル（*.h）に変換します．以下のコマンドでパッケージをビルドしてください．

```
R $ cd ~/catkin_ws
R $ catkin_make -DCATKIN_WHITELIST_PACKAGES="tutorial_service"
```

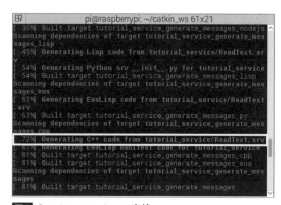

図6 Serviceファイルの変換

ServiceファイルおよびCMakeLists.txtに誤りがなければ，**図6**に示すように「Generating C++ code from tutorial_service/ReadText.srv」と表示されます．以下のようにlsコマンドを入力すると，3種類のヘッダファイルが生成されているのが確認できます．

```
R $ ls devel/include/tutorial_service
ReadText.h   ReadTextRequest.h   ReadTextResponse.h
```

■ ソースコードの編集（read_text.cpp）

独自に定義したReadText型を使用して，Service提供側ノードを「read_text.cpp」ファイルとして作成，編集します．

```
R $ touch ~/catkin_ws/src/tutorial_service/src/read_text.cpp
```

read_text.cpp

```cpp
#include <ros/ros.h>
#include <tutorial_service/ReadText.h>
#include <fstream>

using namespace tutorial_service;

/*** Serviceのコールバック関数 ***/
bool serviceReadText(ReadTextRequest &req, ReadTextResponse &res)
{
  /*** file_pathで指定されたファイルを開く ***/
  std::ifstream ifs(req.file_path);
  /*** ファイルが開けなかった場合falseを返す ***/
  if(ifs.fail()) return false;
  /*** ファイルの中身をすべて読み取る ***/
  std::string buffer;
  while(getline(ifs, buffer)){
    res.file_contents += buffer;
  }
  return true;
}

int main(int argc, char **argv)
{
  /*** ROSノードの初期化 ***/
  ros::init(argc, argv, "read_text");
  ros::NodeHandle nh;
  /*** 提供するServiceの登録 ***/
  ros::ServiceServer srv = nh.advertiseService("read_text", serviceReadText);
  /*** コールバックを待機 ***/
  ros::spin();
  return 0;
}
```

前節「service_server.cpp」のEmptyRequest，EmptyResponseにはメンバ変数が存在しませんでした．今回のReadTextRequest，ReadTextResponseには，Serviceファイル（ReadText.srv）で定義したstring型のメンバ変数file_path, file_contentsが各構造体に格納されています．

Serviceのコールバック関数内の処理がやや複雑に見えますが，内容はいたってシンプルです．ReadTextRequest構造体のfile_pathメンバで指定されたテキストファイルを開き，内容をすべて読み込んでReadTextResponse構造体のfile_contentsに入力しています．テキストファイルの読み込みはifstreamを用いてC++風にしています．

■ソースコードの編集（print_text.cpp）

Service呼び出し側ノードを「print_text.cpp」ファイルとして作成，編集します．

```
R $ touch ~/catkin_ws/src/tutorial_service/src/print_text.cpp
```

print_text.cpp

```cpp
#include <ros/ros.h>
#include <tutorial_service/ReadText.h>

int main(int argc, char** argv)
{
  /*** コマンドライン引数が足りない場合終了 ***/
  if(argc < 2){
    ROS_ERROR("Usage is %s [text_path]", argv[0]);
    return -1;
  }
  using tutorial_service::ReadText;
  /*** ROSノードの初期化 ***/
  ros::init(argc, argv, "print_text");
  ros::NodeHandle nh;
  /*** 利用するServiceの登録 ***/
  ros::ServiceClient cli = nh.serviceClient<ReadText>("read_text");
  /*** Serviceの呼び出し ***/
  ReadText args;
  args.request.file_path = argv[1];
  bool ret = cli.call(args);
  /*** 呼び出しに成功していれば内容を表示 ***/
  if(ret) ROS_INFO("%s", args.response.file_contents.c_str());
  else ROS_INFO("Failure");
  return 0;
}
```

実際の構成とは少し異なりますが，ReadText構造体は次のようなイメージで構成されます．構造体の中に構造体が含まれていますが，分解して示してみると，多少理解しやすくなります．

【ReadText構造体のイメージ】

```cpp
struct ReadTextRequest{
  std::string file_path;
};

struct ReadTextResponse{
  std::string file_contents;
};

struct ReadText{
  ReadTextRequest request;
  ReadTextResponse response;
};
```

　Service呼び出し側ノードでは，requestに含まれるメンバ変数に何らかの値を代入してからcall関数によりServiceを呼び出し，Serviceを呼び出した後にService内で更新されたresponseに含まれるメンバ変数を利用するのが一般的です．

　なお，requestに代入するテキストファイルのパスはコマンドライン引数から実行時に受け取るようにします．ROSに限らず，通常プログラミングを書く際は，ファイルのパスなど実行時

に変更される可能性のあるものをソースコードに直に書くことは推奨されません．変更が生じるたびにビルドしなければならず，保守性が低いためです．コマンドライン引数から受け取る，設定ファイルを読み込むなど，ソースファイルの外部から変更できるようにするのが一般的です．なお，ROSにおいては，次章で説明する「Parameter」機能を使うことで簡単に実現できます．

■ CMakeLists.txt の編集

作成したソースコードがビルドされるように，再度CMakeLists.txtを編集します．CMakeLists.txtの末尾にadd_executable，targer_link_librariesを追加します．setでノード名を変数として設定して，コピーが楽にできるようにしています．

CMakeLists.txt

```
### 省略 ###
set(TARGET "read_text")
add_executable(${TARGET} src/${TARGET}.cpp)
target_link_libraries(${TARGET} ${catkin_LIBRARIES})

set(TARGET "print_text")
add_executable(${TARGET} src/${TARGET}.cpp)
target_link_libraries(${TARGET} ${catkin_LIBRARIES})
```

■ パッケージのビルド & ノードの実行

パッケージのビルドと動作確認を行います．

【ビルド】

```
R $ cd ~/catkin_ws
R $ catkin_make -DCATKIN_WHITELIST_PACKAGES="tutorial_service"
```

ノードを実行する前にread_textノードで読み込むためのテキストファイルを作成しておきます．ファイル名や中身のテキストは適当で構いませんが，ここではホームディレクトリに「sample_text.txt」というファイルを作成し，中身のテキストを「This is a sample text」としたものを使います．

【テキストファイルの作成】

```
R $ echo "This is a sample text" > ~/sample_text.txt
```

ノードの実行はread_text → print_textの順で行います．print_textの実行時にはコマンドライン引数で読み込む対象のテキストファイルのパス（ここでは~/sample_text.txt）を指定します．

【実行】

```
R $ roscore    ← 実行済みの場合、不要
```

```
R $ rosrun tutorial_service read_text
```

```
R $ rosrun tutorial_service print_text ~/sample_text.txt
```

コマンドライン引数はノード名の後に半角スペースを空けて入力します．正常に処理されると，**図7**のようにprint_textを実行している端末（図中下側）にsample_text.txtの内容が表示されます．

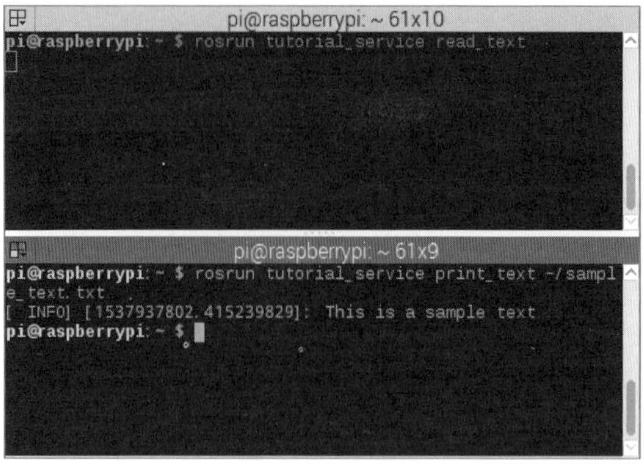

図7 ノードの実行画面

なんとなくでもServiceの使い所がわかっていただけたでしょうか？ TopicとServiceをうまく使い分けてプログラムを作れるように，実践を通して経験を積んでいきましょう．

7.4 非同期的なServiceの利用

Serviceは同期的に通信する際に有効な手法ですが，Service提供側ノードの処理が終了するまでのあいだ，呼び出し側ノードの処理が停止してしまうというデメリットがあります．前節のService呼び出し側ノード（print_text）を例に，処理の流れを**図8**に示します．

図8 print_textの処理の流れ

読み込むファイルのサイズが大きいなどの理由でService提供側ノード（read_text）の処理に時間がかかる場合，print_textではServiceの完了待ち状態となり，処理がブロッキングされてしまいます．

実際に容量の大きなテキストファイルで試してみましょう．「/dev/urandom」を使ってランダムな文字列が記述されたテキストファイルを作成します．

```
R $ cat /dev/urandom | tr -dc 'a-zA-Z0-9' | fold -w 1024 | head -n 65535 > ~/sample_text.txt
```

以上のコマンドでホームディレクトリのsample_text.txtに1024文字のランダムな文字列が65535行分記述されます．完了までには1〜2分かかります．完了したら，前節で作成したノード（read_text，print_text）を再度実行してみましょう．

```
R $ roscore   ← 実行済みの場合、不要
```

```
R $ rosrun tutorial_service read_text
```

```
R $ rosrun tutorial_service print_text ~/sample_text.txt
```

print_textノードを実行している端末を見ると，テキストの表示までに時間がかかっている，すなわち処理がブロッキングされていることがわかります．今回はテストコードですので問題はありませんが，実際にロボットを動かす場合にServiceの実行が完了するまで処理をブロッキングされてしまうと，問題が発生することがあります．

そこで，「actionlib」機能を使ってプログラムを作成します．これによって，呼び出し側ノードの処理をブロッキングせずに，同期通信，応答の入手といったServiceのメリットを利用できるようになります．

まずはactionlibのメリットを体験してみましょう．actionlibを使って，指定された値に達するまで1秒ごとに数字をカウントアップするシンプルなActionを作成します．

◾ Action型の定義

はじめに，Actionの型を定義するファイルを作成します．**図9**のディレクトリ構成になるよう，適宜ディレクトリと「CountNumber.action」ファイルを作成し，次のとおり編集します．ディレクトリ構成がだんだん複雑になってきましたが，間違えないように気をつけてください．

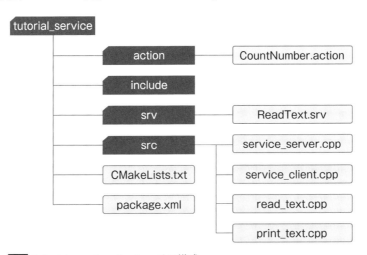

図9 tutorial_serviceパッケージの構成

CountNumber.action

```
# Goal
int32 max_val
---
# Result
string msg
---
# Feedback
int32   current_val
```

破線（---）で3つのブロックに分けられています．Serviceの型はrequestとresponseの2つだけでしたが，Actionにはgoal，result，feedbackという3つの型があります．

- goal

Serviceのrequestにあたる，Action呼び出し時に設定する引数のようなものです．ここではカウントの最大値を設定するために使用しています．

- result

Serviceのresponseにあたる，Action終了時の戻り値のようなものです．ここではメッセージの代入に使用しています．

- feedback

Actionは途中経過を送信しますが，その途中の値を保持しておく変数です．Actionの途中で送信でき，Action呼び出し側ノードではコールバック関数にて受信できます．ここではカウントアップ中の数値を送信するために使用しています．

◼ CMakeLists.txtの編集

型の定義が終わった段階で一旦パッケージのビルドを行い，定義したActionの型をC/C++で利用できるヘッダファイルに変換します．

CMakeLists.txt

```
### 省略 ###
find_package(catkin REQUIRED COMPONENTS
  message_generation
  roscpp
  std_srvs
  actionlib
  actionlib_msgs
)

add_service_files(
  FILES
  ReadText.srv
)
add_action_files(
  FILES
  CountNumber.action
)
```

```
generate_messages(DEPENDENCIES actionlib_msgs)
### 省略 ###
```

- find_package

  使用するパッケージ「actionlib」「actionlib_msgs」を追記します．

- add_action_files

  ヘッダファイルに変換したいActionファイル（*.action）を記述します．複数ある場合はスペースまたは改行で区切って入力します．

- generate_messages

  ヘッダファイルの生成を行います．依存パッケージには「actionlib_msgs」を記述します．CountNumber.actionで使用している型はプリミティブ型のみですが，ファイルが自動生成される際にactionlib_msgsパッケージと依存関係が発生するためです．

■ ヘッダファイルの生成

パッケージをビルドし，Actionが定義されたヘッダファイルの生成を行います．

```
R $ cd ~/catkin_ws
R $ catkin_make -DCATKIN_WHITELIST_PACKAGES="tutorial_service"
```

ActionファイルおよびCMakeLists.txtが正常に編集できていれば，ヘッダファイルが生成されます．以下のようにlsコマンドを入力すると，指定したディレクトリ内のファイル一覧を確認できます．新たに7種類のヘッダファイル（CountNumber*.h）が生成されています．

```
R $ ls devel/include/tutorial_service/
CountNumberAction.h            CountNumberGoal.h
CountNumberActionFeedback.h    CountNumberResult.h
CountNumberActionGoal.h        ReadText.h
CountNumberActionResult.h      ReadTextRequest.h
CountNumberFeedback.h          ReadTextResponse.h
```

■ ソースコードの編集（action_server.cpp）

Action提供側ノードのソースコードを生成して編集します．コマンドを入力して，action_server.cppという名前でファイルを生成します．

```
R $ touch ~/catkin_ws/src/tutorial_service/src/action_server.cpp
```

ノードの処理内容を簡単に解説します．はじめにActionが呼び出されることでカウントが開始され，1秒ごとにカウントをインクリメントします．カウントが最大値（Action型定義のgoalで指定）に達すると，resultに"Succeeded"を代入し，Actionを終了します．また，カウントのインクリメント時に，feedbackにその時点でのカウント値を代入しています．これによって，呼び出し側ノードで現段階のカウント値を確認できるようになります．

では，早速ソースコードを編集してみましょう．

第7章 Serviceを用いた通信

action_server.cpp

```cpp
#include <ros/ros.h>
#include <tutorial_service/CountNumberAction.h>
#include <actionlib/server/simple_action_server.h>

using namespace tutorial_service;
using actionlib::SimpleActionServer;
typedef SimpleActionServer<CountNumberAction> Server;

/*** Actionのコールバック関数 ***/
void actCountNumber(const CountNumberGoalConstPtr &goal, Server* server)
{
  CountNumberFeedback feedback;
  CountNumberResult result;
  ros::Rate loop_rate(1);
  /*** 1秒ごとにカウントをインクリメント ***/
  /*** カウントがmax_valに達したら終了 ***/
  /*** インクリメントと同時にfeedbackを送信 ***/
  for(int i = 0; i < goal->max_val; i++){
    ROS_INFO("Count : %d", i);
    feedback.current_val = i;
    server->publishFeedback(feedback);
    loop_rate.sleep();
  }
  /*** resultにメッセージを代入 ***/
  result.msg = "Succeeded";
  /*** Actionの完了処理 ***/
  server->setSucceeded(result);
}

int main(int argc, char** argv)
{
  /*** ROSの初期化 ***/
  ros::init(argc, argv, "action_server");
  ros::NodeHandle nh;
  /*** Action serverの初期化 ***/
  Server server(nh, "count_number", boost::bind(&actCountNumber, _1, &server), false);
  /*** Action serverの開始 ***/
  server.start();
  /*** コールバックを待機 ***/
  ros::spin();
  return 0;
}
```

- actCountNumber

  Actionが呼び出された際に実行されるコールバック関数です．関数名は適当なものを付けてよいですが，戻り値はvoid，第1引数は［Actionの型］＋GoalConstPtr型にconst修飾子を付けて参照渡しにし，第2引数はSimpleActionServer<［Actionの型］＋Action>のポインタを指定します．

- SimpleActionServer<T>::publishFeedback

  feedbackを送信します．送信できるfeedbackの型は［Actionの型］＋Feedbackです．

- SimpleActionServer<T>::setSucceeded

  Actionが終了したことを通知します．送信できるresultの型は［Actionの型］＋Resultです．

- SimpleActionServer<T>

  Actionを提供するためのクラスです．コンストラクタにはノードハンドラ，Action名，コールバック関数，自動実行の可否を引数として指定します．コールバック関数はboost::bindを用いて与えます．

- SimpleActionServer<T>::start

  ActionServerを有効にします．コンストラクタの第4引数でtrueを指定した場合，start関数を実行する必要はありません．

◢ ソースコードの編集（action_client.cpp）

Action呼び出し側ノードの編集を行います．提供側ノードと同じディレクトリ内にaction_client.cppという名前でファイルを生成します．

```
R $ touch ~/catkin_ws/src/tutorial_service/src/action_client.cpp
```

ノードの処理内容を解説します．Action開始時，feedback受信時，Action完了時にそれぞれメッセージを表示させるため，各コールバック関数にメッセージを記述します．これらはActionの呼び出し時に必要な引数となります．また，Actionを呼び出してから完了するまでの間はメッセージ「Processing action...」を表示し，完了すると「Action was done」を表示してノードを終了します．

コードが複雑になってきましたので，各行でどのような処理を行っているのか，入念に確認しながら進めましょう．

action_client.cpp

```cpp
#include <ros/ros.h>
#include <tutorial_service/CountNumberAction.h>
#include <actionlib/client/simple_action_client.h>

using namespace tutorial_service;
using actionlib::SimpleActionClient;
using actionlib::SimpleClientGoalState;
typedef SimpleActionClient<CountNumberAction> Client;

/*** Action完了時に呼び出されるコールバック関数 ***/
void onActionDone(const SimpleClientGoalState &state, const CountNumberResultConstPtr &result)
{
  ROS_INFO("Result message : %s", result->msg.c_str());
}
/*** Action起動時に呼び出されるコールバック関数 ***/
void onActionActivate()
{
  ROS_INFO("Action was activated");
}
/*** Feedback受信時に呼び出されるコールバック関数 ***/
```

```
void onFeedbackReceived(const CountNumberFeedbackConstPtr &feedback)
{
  ROS_INFO("Feedback : %d", feedback->current_val);
}

int main(int argc, char** argv)
{
  /*** ROSノードの初期化 ***/
  ros::init(argc, argv, "action_client");
  /*** actionlib clientの初期化 ***/
  Client client("count_number", true);
  /*** Serverが初期化されるまで待機 ***/
  client.waitForServer();
  /*** goalの設定 ***/
  CountNumberGoal goal;
  goal.max_val = 10;
  /*** Actionの呼び出し ***/
  client.sendGoal(goal, &onActionDone, &onActionActivate, &onFeedbackReceived);
  /*** Actionが終了するまで待機 ***/
  while(ros::ok() && client.getState() != SimpleClientGoalState::SUCCEEDED){
    ROS_INFO("Processing action...");
    ros::Duration(1.0).sleep();
  }
  ROS_INFO("Action was done");
  return 0;
}
```

- onActionDone

　Action完了時のコールバック関数です．関数名は適当なものを付けてよいですが，戻り値はvoid，第1引数はSimpleClientGoalState型に，第2引数は［Actionの型］＋ResultConstPtrにそれぞれconst修飾子を付けて参照渡ししたものを指定します．

　Actionを実行した結果は第2引数のresultから取得できます．サンプルプログラムでは取得したメッセージを表示しています．

- onActionActivate

　Action起動時のコールバック関数です．こちらも関数名は適当でよいですが，戻り値および引数はvoidを指定します．サンプルプログラムでは固定のメッセージ「Action was activated」を表示しています．

- onFeedbackReceived

　feedback受信時のコールバック関数です．こちらも関数名は適当でよいですが，戻り値はvoid，第1引数は［Actionの型］＋FeedbackConstPtr型にconst修飾子を付けて参照渡ししたものを指定します．feedbackを利用することによりActionの途中経過を知ることができます．サンプルプログラムでは現在のカウント値が得られるようにしています．

- SimpleActionClient<T>

　Actionを呼び出すためのクラスです．コンストラクタの第1引数に呼び出すActionの名前，第2引数にコールバック待機スレッドの実行の可否を指定します．第2引数にfalseを指定した場合は，ros::spinやros::asyncSpinnerを使ってコールバックを待機する記述をしなければなりません．

- SimpleActionClient::waitForServer

  Action提供側ノードの準備ができるまで待機するための関数です．この関数を呼び出すことにより，Actionがまだ提供されていないのに呼び出しを実行してしまうことを防ぐことができます．サンプルプログラム中では引数を指定していませんが，ros::Duration型で引数を指定すると，タイムアウトの設定が可能です．

- SimpleActionClient::sendGoal

  goalを指定してActionを呼び出します．第1引数にActionに与えたいgoalを［Actionの型］＋Goal型で渡します．第2引数にAction完了時にのコールバック関数，第3引数にAction開始時のコールバック関数，第4引数にfeedback受信時のコールバック関数を，それぞれ関数ポインタで渡します．

- SimpleActionClient::getState

  Actionの現在の状態を取得できます．戻り値はSimpleClientGoalStateで得られ，完了を表す「SUCCEEDING」の他に，保留中の「PENDING」，実行中の「ACTIVE」，中断されたことを表す「ABORTING」などの状態があります．

◼ CMakeLists.txtの編集

ソースコードの編集を行った2種類のノード「action_server」「action_client」が生成されるように，CMakeLists.txtの末尾に次の記述を追加します．

CMakeLists.txt

```
### 省略 ###
set(TARGET "action_server")
add_executable(${TARGET} src/${TARGET}.cpp)
target_link_libraries(${TARGET} ${catkin_LIBRARIES})

set(TARGET "action_client")
add_executable(${TARGET} src/${TARGET}.cpp)
target_link_libraries(${TARGET} ${catkin_LIBRARIES})
```

◼ パッケージのビルド & ノードの実行

パッケージのビルドと動作確認を行います．

【ビルド】

```
R $ cd ~/catkin_ws
R $ catkin_make -DCATKIN_WHITELIST_PACKAGES="tutorial_service"
```

今回作成したソースコードはこれまでと比べ複雑ですので，一つひとつの動作を細かく確認していきましょう．7.2節のServiceでは提供側ノード（service_server）を呼び出し側ノード（service_client）より先に起動させないと正常に動作しませんでしたが，今回はwaitForServer関数を使ってserverが起動するまで待機する処理を入れているため，どちらのノードを先に起動させても問題ありません．

【実行】

```
R $ roscore   ← 実行済みの場合、不要
```

```
R $ rosrun tutorial_service action_client
```

```
R $ rosrun tutorial_service action_server
```

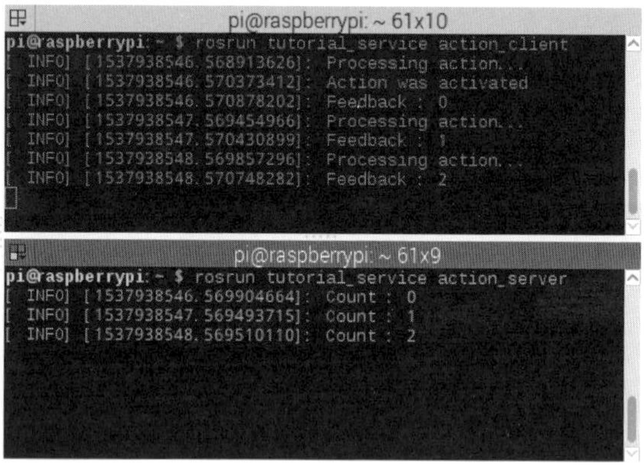

図10 ノードの実行（Actionの開始）

Action起動後，action_clientの動作を見てみましょう．main関数のwhile文内部処理が行われつつ（「Processing action...」の表示），各タイミングでのコールバックが発生していることが確認できます（**図10**）．Actionが完了すると，Action完了のコールバック関数が実行され，その後while文から抜けてノードが終了しています（**図11**）．

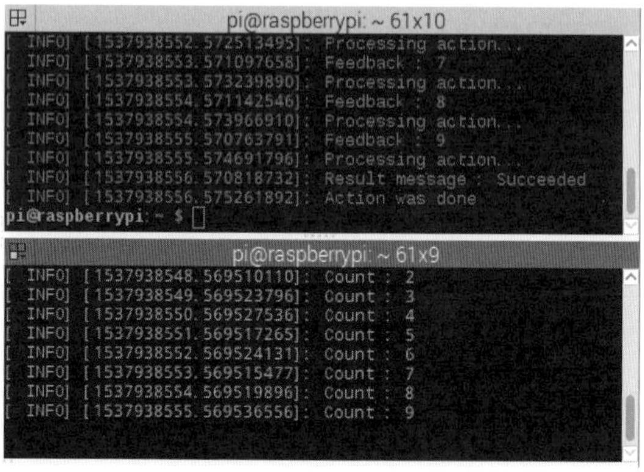

図11 ノードの実行（Actionの完了）

今回はactionlibを用いてServiceと同等の機能を非同期的に実現しました．まだ第2部はROSの基礎練習の段階ですので，これをロボットで使う場合にどのようなメリットがあるのかわかりにくいかもしれません．

実際のロボットでは，移動ロボットを指定地点まで動かす場合にactionlibがよく使われます．その場合，actionlibで用いるAction型に含まれる3つの型「goal」「feedback」「result」は以下のように指定します．

- goal

  目的地を座標で指定します．この場合，goalのメンバ変数の型にはgeometry_msgs/Poseなどを使います．

- feedback

  ロボットの現在の座標を出力します．feedbackのメンバ変数の型にはnav_msgs/Odometryがよく使われます．

- result

  目的地に到達したか判断するために使用します．目的地に到達したときの座標を設定する場合は（geomtry_msgs/Pose）型を，目的地への到達成否を設定する場合は（std_msgs/Bool）型を使います．

第3部で実際にScamperを動かす際に，再度actionlibが登場します．Action提供側（Server），Action呼び出し側（Client）ともに，使い方をよく復習しておいてください．

actionlib関連のクラスなど，より詳しい説明については，下記ROSの公式サイトを参照してください．

- actionlib Documentation

  http://docs.ros.org/kinetic/api/actionlib/html/

第 **2** 部　ROSプログラミング基礎編

第 **8** 章

Parameterの使い方

　ロボット開発では動作のチューニングを頻繁に行うため，最大速度や制御ゲインなどの設定値を定義します．**図1**に示すように，設定値は，ソースコード内ではなく外部のファイルに記述し，実行時に読み込むという方法が一般的です．ソースコードに直接記述してしまうと，チューニングするたびにビルドの必要が発生し，効率が低く，保守性にも欠けるためです．

図1 設定ファイルの一般的な利用イメージ

　設定値を保存しておくフォーマットとしてiniやxml，yamlなどがよく使われますが，C/C++でこれらのファイルの読み取り処理を行うのはやや煩雑です．一方，ROSには「Parameter」という機能が用意されており，ノード実行時の設定値の読み込みを簡単に行うことができます．本章ではROSのParameter機能を使い，ロボットを効率的に開発するためのテクニックを学んでいきましょう．

8.1 Parameterについて

ROSではParameterもTopicやServiceと同じように名前空間で管理されており，一つひとつのParameterには名前が付けられています．Parameterの管理はParameter serverで行われており，名前さえわかればどのノードからでも利用することができます．

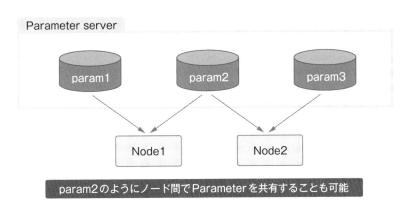

図2 Parameterの利用イメージ

Parameterの型として，以下のものが利用可能です．

- int型（32bit）
- bool型
- string型
- double型
- date型（ISO8601準拠の日付）
- list型
- バイナリ型（64bit）

TopicやServiceとは異なり，パッケージ依存の型（geometry_msgs, sensor_msgsなど）は使用できませんので気をつけてください．

8.2 Parameterを利用したノードの作成

早速Parameter機能を使ってプログラムを書き，理解を深めていきましょう．まず，簡単なサンプルプログラムとして，ROS_INFOを使って文字列を表示する処理を行うノードを作成します．「表示する文字列」「表示する回数」「表示する周期」をParameterとして設定し，実行時に値を変更できるようにします．

第8章 Parameterの使い方

■ パッケージの作成

Parameterのチュートリアル用に「tutorial_param」という名前で新たにパッケージを作成します．今回使用するパッケージはroscppのみです．

```
R $ cd ~/catkin_ws/src
R $ catkin_create_pkg tutorial_param roscpp
```

パッケージのsrcディレクトリ内に，「param_test.cpp」という名前でソースファイルを作成します．

```
R $ touch ~/catkin_ws/src/tutorial_param/src/param_test.cpp
```

■ ソースコードの編集

param_test.cppファイルを編集します．Parameterを使って，決まった回数分，一定間隔で「Hello World」を表示する処理を行います．

param_test.cpp

```cpp
#include <ros/ros.h>

int main(int argc, char **argv)
{
  /*** ROSノードの初期化 ***/
  ros::init(argc, argv, "param_test");
  ros::NodeHandle nh;
  /*** Parameterの読み込み ***/
  std::string text = nh.param<std::string>("text", "Hello World");
  int repeat_times = nh.param<int>("repeat_times", 10);
  double frequency = nh.param<double>("frequency", 0.5);
  /*** 文字列の表示周期を設定 ***/
  ros::Rate loop_rate(frequency);
  /*** テキストの表示処理 ***/
  for(int i = 0; i < repeat_times; i++){
    ROS_INFO("%s", text.c_str());
    loop_rate.sleep();
  }
  return 0;
}
```

- T ros::NodeHandle::param<T>

Parameterを取得する際に使用する関数です．Parameterの型はテンプレート<T>の部分にstd::string，doubleなどと指定します．第1引数にはParameterの名前を，第2引数には第1引数で指定した名前のParameterがParameter server上に存在しない場合に与える値を指定します．戻り値としてParameterが存在する場合はその値を，存在しない場合は第2引数で与えた値を返します．

初めて学ぶ機能で難しく感じるかもしれませんが，初出の関数はこの1種類のみです．上記ソースコードには登場しませんが，その他にParameter関係でよく使う関数をいくつか紹介します．

- bool ros::NodeHandle::getParam

param関数同様，Parameterを取得する際に使用します．第1引数にParameterの名前，第2引数にParameterを代入したい変数を渡します．戻り値はParameterが存在する場合trueを，存在しない場合falseを返します．なお，Parameterが存在しない場合，第2引数に与えた変数への代入は行われません．

- void ros::NodeHandle::setParam

ノードからParameter serverにParameterを登録したい場合に使用します．第1引数にParameterの名前，第2引数に登録したいParameterの値を指定します．std::string，int，double，boolおよびそれらの可変長配列（vector）などのParameterを登録できます．

- bool ros::NodeHandle::hasParam

Parameter serverに第1引数で指定した名前のParameterが存在するか確認できます．存在する場合trueを，存在しない場合falseを返します．

これらの関数のより詳しい仕様についてはROSの公式サイトから確認できます．

- ros::Nodehandle Class Reference

http://docs.ros.org/kinetic/api/roscpp/html/classros_1_1NodeHandle.html

CMakeLists.txtの編集

CMakeLists.txtを編集してparam_test.cppをビルドできるようにします．tutorial_paramパッケージのCMakeLists.txtを開き，内容をすべて消してから以下のように編集してください．

CMakeLists.txt

```
cmake_minimum_required(VERSION 2.8.3)
project(tutorial_param)
set(CMAKE_CXX_FLAGS "-std=c++11 ${CMAKE_CXX_FLAGS}")

find_package(catkin REQUIRED COMPONENTS
  roscpp
)

catkin_package()

include_directories(${catkin_INCLUDE_DIRS})

set(TARGET "param_test")
add_executable(${TARGET} src/${TARGET}.cpp)
target_link_libraries(${TARGET} ${catkin_LIBRARIES})
```

第8章 Parameterの使い方

■ パッケージのビルド＆ノードの実行

パッケージのビルドとノードの実行を行います．はじめはParameterを設定せずにparam_testノードを実行してみましょう．

【ビルド】

```
R $ cd ~/catkin_ws
R $ catkin_make -DCATKIN_WHITELIST_PACKAGES="tutorial_param"
```

【実行】

```
R $ roscore
```

```
R $ rosrun tutorial_param param_test
```

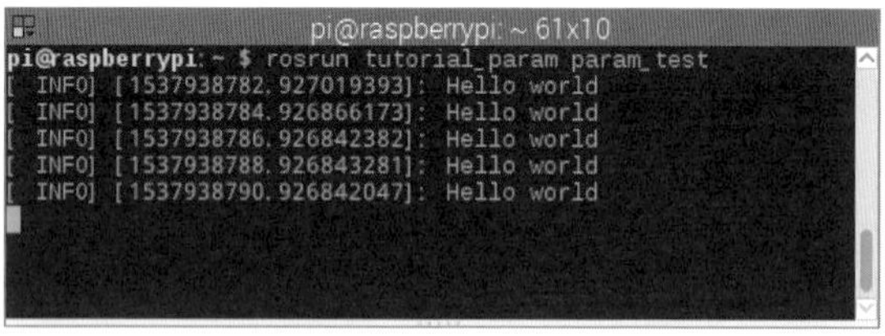

図3 ノードの実行画面（Parameter未設定）

Parameterを登録せずに実行すると，ソースコードのparam関数で設定したデフォルト値が有効になっていることが確認できます．「0.5Hz」の周期で「Hello World」という文字列が「10回」表示されてノードが終了します（**図3**）．周期は，ROS_INFO関数によって実行結果に併せて表示しているUNIX時間〔秒〕の整数部分で確認でき，各実行結果の差分から，約2秒（0.5Hz）間隔になっていることがわかります．

次に，rosparamコマンドを使ってParameter serverにParameterを登録した後に，ノードを実行してみましょう．rosparamコマンドは以下のようにして使用します．

【rosparamコマンドでParameterを登録する方法】

```
rosparam set [Parameter名] [Parameterの値]
```

今回は次のとおりにコマンドを入力し，各Parameterの登録後にノードの実行を行います．

【Parameterの登録とノードの実行】

```
R $ rosparam set /text "Parameter test"
R $ rosparam set /repeat_times 5
R $ rosparam set /frequency 2.0
R $ rosrun tutorial_param param_test
```

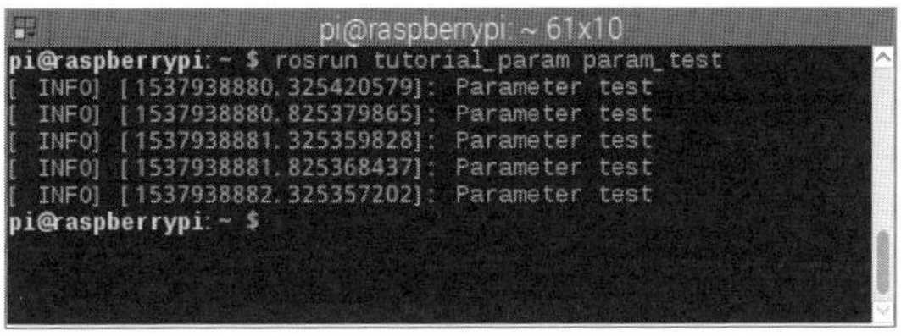

図4 ノードの実行画面（Parameter設定後）

「2.0Hz」の周期で「Parameter test」という文字列が「5回」表示されてノードが終了しており，ノード実行時にParameter serverからParameterを読み込んで実行されていることがわかります（**図4**）．

実行時にParameterを読み込むことで設定を変えることができるようになりましたが，毎回コマンドでParameterを変更するのは手間がかかります．設定値だけをファイルに保存して編集するほうが，デバッグが楽な場合もあります．

Parameterを外部ファイルに読み込んだり書き出したりしたい場合，rosparamの「dump」機能と「load」機能を使います．dumpで現在のParameterをファイルに保存し，loadで保存したファイルからParameterを復元することができます．それぞれの機能の使い方を説明します．

【Parameterをファイルに保存する方法】

```
rosparam dump [ファイル名].yaml
```

【Parameterをファイルから読み込む方法】

```
rosparam load [ファイル名].yaml
```

では，ここで一度，現在のParameterの値をファイルに保存してみましょう．

```
R $ rosparam dump ~/params.yaml
```

ホームディレクトリにparams.yamlというファイルが生成されます．エディタで開いてみると，以下の内容が記述されています．自動生成されたファイルには余分なParameterも含まれていますので，必要なもの以外は削除します．

params.yaml

```
frequency: 2.0
repeat_times: 5
rosdistro: 'kinetic

  '
roslaunch:
  uris: {host_raspberrypi__41781: 'http://raspberrypi:41781/'}
rosversion: '1.12.13

  '
run_id: ea29f9e8-8f0d-11e8-b2e8-b827eb948c70
text: Parameter test
```

↓ 不要な記述を削除する

```
frequency: 2.0
repeat_times: 5
text: Parameter test
```

Parameter serverをリセットするため，roscoreを再起動します．端末にrosparam listと入力して，以下が表示されることを確認してください．rosparam setで設定した/text，/repeat_times，/frequencyが表示されていなければOKです．

```
R $ rosparam list
/rosdistro
/roslaunch/uris/host_raspberrypi__38751
/rosversion
/run_id
```

ここで，修正したparams.yamlファイルを読み込み，Parameterを復元します．

```
R $ rosparam load ~/params.yaml
```

正常に復元できていれば，rosparam listコマンドの実行結果に/text，/repeat_times，/frequencyが表示されます．

```
R $ rosparam list
/frequency
/repeat_times
/rosdistro
/roslaunch/uris/host_raspberrypi__38751
/rosversion
/run_id
/text
```

再度param_testノードを実行してみましょう．**図4**と同様の実験結果が得られ，正常にParameterが復元できていることが確認できます．以上のように，rosparamコマンドのdumpとloadを使うことにより，現在のParameterをファイル化し保存しておくことができます．

8.3 roslaunchによるノードの起動

前節では，rosparamコマンドを利用してParameterを設定しました．ファイルに保存ができるようになって，以前に比べれば便利になったものの，ノードの起動前にrosparamコマンドを入力してParameterを設定するのは少し面倒です．また，Parameterを設定し忘れてロボットが思わぬ動作をしてしまうという危険もあります．今回は，より簡単で設定忘れの心配もない「roslaunch」コマンドについて説明します．ノード起動用のファイル（*.launchファイル）からノードを起動し，起動と同時にParameterの設定を行う方法です．

8.3 roslaunchによるノードの起動

■ launchファイルの作成

まず，tutorial_paramパッケージにlaunchというディレクトリを作成し，そこにノード起動用のlaunchファイル「param_test.launch」を作成します．サンプルプログラムではノード名とlaunchファイルを同じ名前にしていますが，それぞれ違う名前でも問題はありません．

現時点でのtutorial_paramパッケージは，図5の構成になっています．

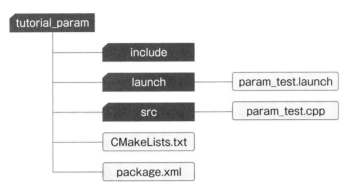

図5 tutorial_paramパッケージの構成

■ launchファイルの編集

launchファイルはxml形式で記述します．下記のとおり編集してください．

param_test.launch

```xml
<?xml version="1.0"?>
<launch>
  <node pkg="tutorial_param" type="param_test" name="param_test" output="screen" />
  <param name="text" value="Parameter test" type="string" />
  <param name="repeat_times" value="5" type="int" />
  <param name="frequency" value="2.0" type="double" />
</launch>
```

- `<launch>`

launchファイルのルート要素です．他のすべての要素がlaunch要素の子要素として含まれるように記述してください．

- `<node>`

ノードの起動に必要な情報を設定します．pkg属性にパッケージ名，type属性にノード名，nameにノードの実行名，output属性にROS_INFOなどでの出力先を指定します（screen：端末に表示，log：ログファイルとして~/.rosディレクトリに保存）．

- `<param>`

Parameterを設定するための記述です．name属性にParameter名，value属性にParameterの値，type属性にParameterのデータ型を指定します．

次に示すROS公式サイトも併せて参照してください．launchファイルで利用できるタグの詳細などを知ることができます．

● roslaunch
http://wiki.ros.org/roslaunch/XML/launch

◾ roslaunchによるノードの起動

roslaunchコマンドで作成したlaunchファイルを読み込み，ノードの起動とParameterの読み込みを一度で行います．端末から以下のコマンドを入力してください．これまでと同様TABキーで補完できますので，打ち間違いを防ぐためにも活用しましょう．

【実行】

```
R $ roslaunch tutorial_param param_test.launch
```

roslaunchコマンドでノードを起動する場合，roscoreを先に実行しなくても問題はありません．roscoreが起動していない場合，roslaunchコマンドで自動的に起動されます．

正常に実行できていれば，**図6**のように表示されます．launchファイルから設定したParameterが読み込まれているのが確認できます．

もし正常に起動できない場合，表示されるエラーメッセージをよく読んで確認してみてください．よくあるミスとして，launchファイルのタグの末尾に「/」を付け忘れているケースなどがあります．

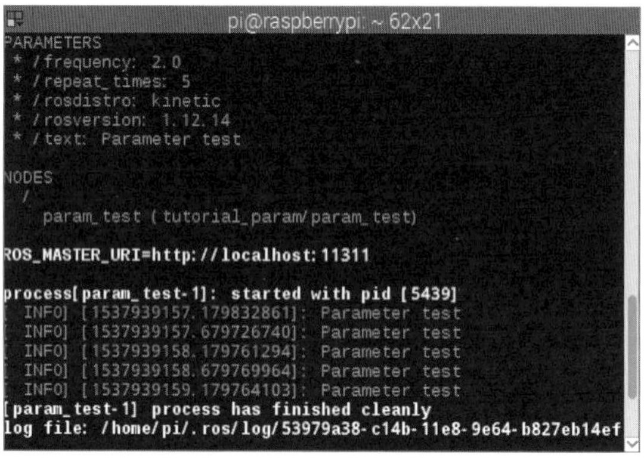

図6 roslaunchによるノードの実行

◾ roslaunchの便利な使い方

roslaunchはParameterを設定するだけでなく，複数のノードをまとめて起動したり，実行時のノード名やTopic名，Service名，Parameter名などを変更（remap）できたり，ノードを再起動できるように設定できたりと非常に便利です．慣れてくるとrosrunコマンドをほとんど使わなくなるほどです．

実際にlaunchファイルを作成して便利な機能をいくつか紹介します．今後の開発で活用できるように，launchファイルの書き方を覚えておきましょう．

8.3 roslaunch によるノードの起動

パッケージの launch ディレクトリ内に「param_test_multi.launch」ファイルを新たに作成し，次のように編集します．

```
R $ touch ~/catkin_ws/src/tutorial_param/launch/param_test_multi.launch
```

param_test_multi.launch

```xml
<?xml version="1.0"?>
<launch>
  <node pkg="tutorial_param" type="param_test" name="param_test1" output="screen">
    <remap from="text" to="param_test1/text" />
    <remap from="repeat_times" to="param_test1/repeat_times" />
    <remap from="frequency" to="param_test1/frequency" />
    <param name="text" value="Parameter test1" type="string" />
    <param name="repeat_times" value="5" type="int" />
    <param name="frequency" value="2.0" type="double" />
  </node>
  <node pkg="tutorial_param" type="param_test" name="param_test2" output="screen">
    <remap from="text" to="param_test2/text" />
    <remap from="repeat_times" to="param_test2/repeat_times" />
    <remap from="frequency" to="param_test2/frequency" />
    <param name="text" value="Parameter test2" type="string" />
    <param name="repeat_times" value="10" type="int" />
    <param name="frequency" value="1.0" type="double" />
  </node>
</launch>
```

- <node> 要素 </node>

今回はノードごとに Parameter を設定するので，node タグの要素として <remap>，<param> タグを記述します．<node></node> で <remap>，<param> タグを囲むようにしてください．また，node タグの name 属性は param_test1，param_test2 のようにノードごとに異なる名前にしてください．

- <remap>

Topic や Service，Parameter の名前を変更するのに使用します．from 属性に元の名前，to 属性に変換後の名前を指定します．<node> の要素として <param> タグを記述すると Parameter 名の前に自動的に「/ノード名」が付加されるので，<remap> での Parameter 名の変更が必要になります．

なお，ノードを複数起動することを前提としており，それぞれのノードに異なる Parameter を設定したい場合，ソースコードの「ros::NodeHandle nh;」を「ros::NodeHandle nh("~");」とすると，そのコードの中で宣言された Topic，Service，Parameter の名前にはすべて「/ノード名」が付加されますので，launch ファイルで remap する必要がなくなります．

第8章 Parameterの使い方

　param_test_multi.launchファイルをroslaunchコマンドで起動すると，**図7**のようになります．param_testノードが2つ起動しており，それぞれ異なるParameterが与えられていることが確認できます．

```
R $ roslaunch tutorial_param param_test_multi.launch
```

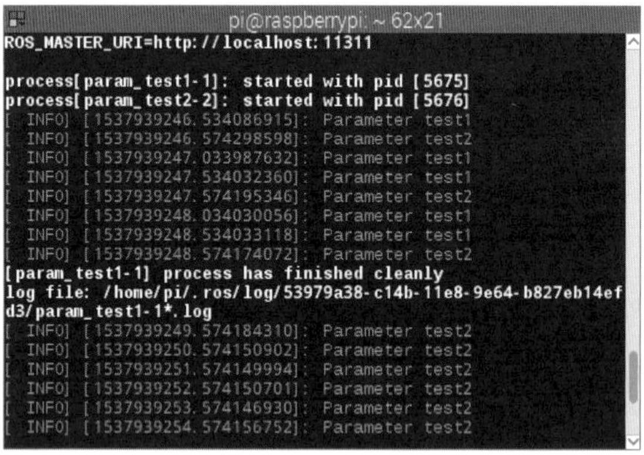

図7 launchファイルを用いた複数ノードの起動

　さて，Parameter, roslaunchの便利さを体験してもらえたでしょうか？ Parameter, roslaunchは，第3部で実際にScamperの制御プログラムを動かす際にも使います．今回紹介しきれなかった機能も第3部では登場しますので，ROS公式サイトのroslaunchの解説ページをいつでも開けるようにしておくと学習をスムーズに進められます．

column

ロボットとパラメータの調整

◆ ロボットのパラメータ調整はとても面倒

第8章のはじめでも書きましたが，ロボットのパラメータを調整するのはとても面倒です．ROSではParameter機能を使えば簡単にParameterの調整ができますが，それでも調整のために何度もノードを立ち上げなおしたりするのは手間がかかります（ソースコードに直書きよりははるかにマシですが）．ノードを立ち上げては動作を確認して上手く動作しなかったらパラメータを書き換えてノードを立ち上げ直して……．限られた時間でパラメータの調整をしなければならない場合，ROSのParameterを使っても不便に感じることは多々あります．もっと便利な方法はないのでしょうか？ そんな悩みを解決してくれるのがROSの「Dynamic Reconfigure」という機能です．

◆ Dynamic Reconfigure とは

Dynamic Reconfigureはその名の通り「動的再設定」，すなわちノードが起動している状態でノード内のパラメータ（ROSのParameterとは異なります）を書き換えることができる機能です．ROSのServiceを使っても似たようなことは可能ですが，Dynamic ReconfigureではGUI上から直感的にパラメータを設定できます．

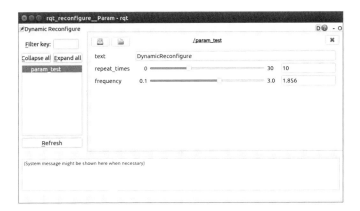

◆ パラメータ調整で苦労しないために

Dynamic Reconfigureは非常に便利な機能ですが，ノードに組み込むにはひと手間かかります．しかし，ここでひと手間を惜しむと後々のパラメータ調整で苦しむことになります．ほとんどパラメータ調整が不要なノードであれば問題ありませんが，細かい調整が必要になるようなノードの場合，積極的にDynamic Reconfigureを使い，楽にパラメータ調整ができるようにしましょう．Dynamic Reconfigureの使い方は本書では紹介しきれませんでしたが，以下に示す公式サイトからROSチュートリアルを読めば使いこなせるようになります．

- Dynamic Reconfigure
  http://wiki.ros.org/ja/dynamic_reconfigure/Tutorials

第 2 部 ROSプログラミング基礎編

第9章

ROSの分散処理を試してみる

　本章では，ROSの魅力の一つである分散処理を体験してみましょう．分散処理を利用することで，大きなロボットシステムを複数のハードウェアで構成でき，1台あたりのコンピュータにかかる負荷を低減することができます．

図1 分散処理のイメージ

　また，異なるハードウェア，OS，アプリケーション間で通信が可能になるため，ハードウェアの特性に応じて処理を分担できるといったメリットもあります．**図2**の例では，ハードウェアに近いI/Oなどの処理，UART通信，I2C通信，SPI通信等が必要になる部分をRaspberry Piなどのシングルボードコンピュータに担当させ，画像処理や機械学習など処理の負荷が大きい部分を一般的なPCに担当させています．

図2 ハードウェアの特性に応じた処理分担

分散処理を行うためには，通常，各コンピュータ間でTCP通信などにより連携を取る必要があります．ですが，ROSでは，追加のコードを一切書くことなく，これまで扱ってきたTopic通信，Service，Parameterなどの機能をコンピュータ間で連携して利用することが，非常に簡単にできます．

今回はRaspberry PiとUbuntu PCを連携させてTopic，Service，Parameterのやりとりを行ってみましょう．

9.1 Ubuntu PCの開発準備

まずはワークスペースを作成しましょう（Ubuntu PCへのROS（Kinetic）のインストールは，3.2節で済んでいるものとして進めます）．

```
U $ mkdir -p catkin_ws/src
U $ cd catkin_ws
U $ catkin_make
```

次に，Ubuntu PCでの作業がしやすいよう，編集用のエディタをインストールします．本章ではUbuntu PCでのROS開発に慣れるため，Ubuntu PC側でパッケージ作成，ソースコードの編集，パッケージのビルドまで行いますので，デフォルトのエディタだと不便かもしれません．エディタは好きなもので構いませんが，ここでは筆者が愛用しているVisual Studio Codeをインストールします．

以下のダウンロードページを開き，インストール用のパッケージファイル（*.deb）をダウンロードします．ここではパッケージファイルをホームディレクトリにダウンロードして開発を進めます．ホームディレクトリ以外の場合は，次のcdコマンドで入力するパスを，実際にダウンロードした場所に変更してください．

- **Microsoft Visual Studio Code**
  https://code.visualstudio.com/download

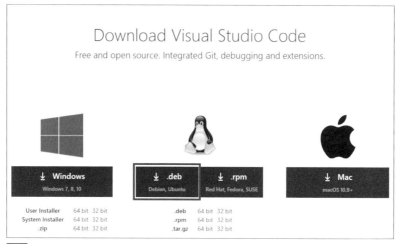

図3 インストールパッケージのダウンロード

```
U $ cd ~/     ← パッケージファイルをダウンロードしたディレクトリに移動
U $ sudo dpkg -i code_*.deb
```

　インストールが完了したらランチャーの一番上にある「コンピュータの検索」にcodeと入力して，Visual Studio Codeを起動します（**図4**）．

図4 Visual Studio Codeの起動

　Visual Studio Codeが起動したら，画面左側のツールバーから「拡張機能」のアイコンをクリックします（**図5**）．

図5 Visual Studio Codeの起動画面

「c++」で検索し，Microsoftから提供されている「C/C++」という拡張機能をインストールします（**図6**）．この拡張機能をインストールすることでC/C++でソースコードを記述する際にインテリセンスが有効になり，強力なコード補完が利用できるようになります．また，必要に応じて「ROS」「CMake」などの拡張機能もインストールしておくと，ROS独自のファイル（*.msg，*.srvなど）やCMakeLists.txtでもコード補完が効くようになるので便利です．

図6 C/C++拡張機能のインストール

拡張機能のインストールが一通り済んだらVisual Studio Codeを再起動させます．再起動が完了したら，メニューの「ファイル > ワークスペースにフォルダーを追加」からVisual Studio Codeのワークスペースを初期化します（**図7**）．ディレクトリの選択画面では「~/catkin_ws」を選択してください．

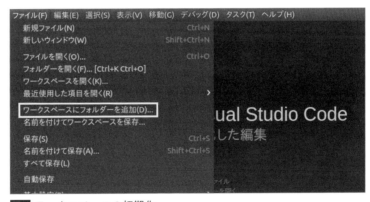

図7 ワークスペースの初期化

ワークスペースに追加されると，「catkin_ws/.vscode」ディレクトリと，その直下にC/C++用の設定ファイル「c_cpp_properties.json」が作成されます．この設定ファイルを開き，"includePath"の項目を以下のように編集します（**図8**）．

c_cpp_properties.json

```
### 省略 ###
"includePath": [
  "/opt/ros/kinetic/include",
  "$HOME/catkin_ws/devel/include",
  "/usr/include"
],
### 省略 ###
```

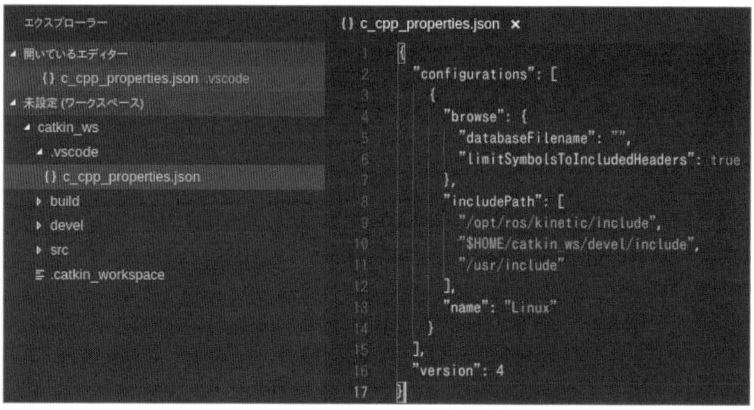

図8 C/C++用の設定を編集

以上でVisual Studio Codeの設定は完了です．Geanyよりも快適にソースコードの編集ができるかと思います．

9.2 分散処理を利用するノードの作成

■ パッケージの作成

Raspberry PiとUbuntu PCの間でTopic，Service，Parameterをやりとりするノードを作成します．ノードはクライアント側とサーバー側の2つで，両方ともUbuntu PC上で開発を行います．

早速パッケージを作成しましょう．パッケージ名は「tutorial_remote」，依存パッケージはroscpp，std_msgs，std_srvsの3つです．

```
U $ cd ~/catkin_ws/src
U $ catkin_create_pkg tutorial_remote roscpp std_msgs std_srvs
```

また，作成したパッケージのsrcディレクトリにソースファイル「remote_client.cpp」「remote_server.cpp」を作成します．

```
U $ touch ~/catkin_ws/src/tutorial_remote/src/remote_client.cpp
U $ touch ~/catkin_ws/src/tutorial_remote/src/remote_server.cpp
```

■ ソースコードの編集（remote_client.cpp）

クライアント側ノードは次の仕様で作成します．

- サーバー側ノードでServiceが利用できるようになるまで待機する
- Parameterで設定された文字列を1Hz周期でPublishし続ける

remote_client.cpp

```cpp
#include <ros/ros.h>
#include <std_msgs/String.h>
#include <std_srvs/Empty.h>

int main(int argc, char **argv)
{
  using std_msgs::String;
  using std_srvs::Empty;
  /*** ROSの初期化 ***/
  ros::init(argc, argv, "remote_client");
  ros::NodeHandle nh;
  /*** PublishするTopicの登録 ***/
  ros::Publisher pub = nh.advertise<String>("text", 10);
  /*** 利用するServiceの登録 ***/
  ros::ServiceClient cli = nh.serviceClient<Empty>("is_alive");
  /*** Serviceが利用できるまで待機 ***/
  Empty args;
  while(!cli.call(args)) ros::Duration(0.1).sleep();
  /*** Parameterの取得 ***/
  String str;
  str.data = nh.param<std::string>("text", "Hello World");
  /*** Topicを1Hz周期でPublish ***/
  ros::Rate loop_rate(1);
  while(ros::ok()){
    pub.publish(str);
    ROS_INFO("I said %s", str.data.c_str());
    loop_rate.sleep();
  }
  return 0;
}
```

ソースコードの量が増え，複雑に感じるかもしれませんが，6〜8章で扱ってきたTopic，Service，Parameterの内容が理解できていれば難しい内容ではありません．また，Serviceはサーバー側ノードが起動しているか確認するために使っています．

◼ ソースコードの編集（remote_server.cpp）

続いて，サーバー側ノードを次の仕様で作成します．

- 呼び出されると何もせずtrueを返すServiceを提供する
- 受信したTopicの文字列を表示する
- Parameterを設定する

remote_server.cpp

```cpp
#include <ros/ros.h>
#include <std_msgs/String.h>
#include <std_srvs/Empty.h>
```

```cpp
using std_msgs::String;
using std_srvs::EmptyRequest;
using std_srvs::EmptyResponse;

/*** Topicを受信すると呼ばれるコールバック関数 ***/
void onTextSubscribed(const String &str)
{
  ROS_INFO("I heard %s", str.data.c_str());
}

/*** Serviceのコールバック関数 ***/
bool serviceIsAlive(EmptyRequest &req, EmptyResponse &res)
{
  return true;
}

int main(int argc, char **argv)
{
  /*** ROSノードの初期化 ***/
  ros::init(argc, argv, "remote_server");
  ros::NodeHandle nh;
  /*** Parameterの設定 ***/
  nh.setParam("text", "Remote test");
  /*** SubscribeするTopicの設定＆コールバック関数の登録 ***/
  ros::Subscriber sub = nh.subscribe("text", 10, onTextSubscribed);
  /*** 提供するServiceの登録 ***/
  ros::ServiceServer srv = nh.advertiseService("is_alive", serviceIsAlive);
  /*** コールバックを待機 ***/
  ros::spin();
  return 0;
}
```

　サーバー側ノードも，特に複雑な処理はありません．main関数ではParameterの設定，Subscriberの設定，Serviceの登録処理のみを行っています．

　ここまで記述して気づいたかと思いますが，分散処理をするために，ソースコードに何か特別な記述をする必要はありません（これまでに作成してきたノードを流用してもよかったのですが，第2部のまとめということで，復習も兼ねてTopic，Service，Parameterを使ったノードの作成を行いました）．

■ CMakeLists.txtの編集

　作成したソースコードからノードが生成されるように，CMakeLists.txtの編集を行います．

CMakeLists.txt

```
cmake_minimum_required(VERSION 2.8.3)
project(tutorial_remote)

find_package(catkin REQUIRED COMPONENTS
  roscpp
  std_msgs
```

```
  std_srvs
)

catkin_package()

include_directories(${catkin_INCLUDE_DIRS})

set(TARGET "remote_client")
add_executable(${TARGET} src/${TARGET}.cpp)
target_link_libraries(${TARGET} ${catkin_LIBRARIES})

set(TARGET "remote_server")
add_executable(${TARGET} src/${TARGET}.cpp)
target_link_libraries(${TARGET} ${catkin_LIBRARIES})
```

■ パッケージのビルド

tutorial_remoteパッケージをビルドしてROSの分散処理機能を試してみましょう．今回はUbuntu PC，Raspberry Piの両方で同じパッケージをビルドします．

【ビルド（Ubuntu PC）】

```
U $ cd ~/catkin_ws
U $ catkin_make -DCATKIN_WHITELIST_PACKAGES="tutorial_remote"
```

正常にビルドできたら，Ubuntu PCで開発したtutorial_remoteパッケージをRaspberry Piにコピーします．コピーにはscpコマンドを使います．

```
U $ scp -r ~/catkin_ws/src/tutorial_remote pi@raspberrypi:~/catkin_ws/src
```

scpコマンドを実行するとRaspberry Piのパスワードを求められます．2.2節で設定したものを入力してください．

scpコマンドはローカルPCとリモートPCの間（またはリモートPC同士）でファイルをコピーする際に使うコマンドで，以下のように使います．

【ローカルPCからリモートPCへファイルをコピーする場合】

```
scp [ ローカルのファイル ] [ リモートのユーザ名 ]@[ リモートのホスト名 ]:[ コピー先ディレクトリ ]
```

【リモートPCからローカルPCへファイルをコピーする場合】

```
scp [ リモートのユーザ名 ]@[ リモートのホスト名 ]:[ コピーするファイルのパス ] [ ローカルのディレクトリ ]
```

コピーが終わったら，Raspberry Piでもパッケージのビルドを行います．

【ビルド（Raspberry Pi）】

```
R $ cd ~/catkin_ws
R $ catkin_make -DCATKIN_WHITELIST_PACKAGES="tutorial_remote"
```

分散処理のための設定

Ubuntu PCとRaspberry Piのそれぞれの環境変数に「ROS_MASTER_URI」「ROS_HOSTNAME」を設定することで，相互間での通信が可能になります．ROS_MASTER_URIにはROS Masterを起動するPC（今回はRaspberry Pi側とします），ROS_HOSTNAMEにはそれぞれのPCのホスト名を設定します．

まず，Ubuntu PCのホームディレクトリにある.bashrcファイルを開き，末尾に以下の2行を追加してください．

```
U $ gedit ~/.bashrc
```

.bashrc
```
export ROS_MASTER_URI=http://raspberrypi.local:11311
export ROS_HOSTNAME=ubuntu-pc.local
```

ROS_MASTER_URIには「http://[Raspberry Piのホスト名].local:11311」，ROS_HOSTNAMEにはUbuntu PCのホスト名を入力します．ホスト名は端末に「hostname」と入力することで確認できます．表示されたホスト名に「.local」を付けて入力してください．

次に，Raspberry Piのホームディレクトリにある.bashrcファイルを開き，末尾に以下の2行を追加します．

```
R $ geany ~/.bashrc
```

.bashrc
```
export ROS_MASTER_URI=http://raspberrypi.local:11311
export ROS_HOSTNAME=raspberrypi.local
```

ROS_MASTER_URIは両方のPCで同じ内容になるようにしてください．分散処理を行うPCが3台以上に増えた場合も同様です．ROS_HOSTNAMEにはRaspberry Piのホスト名を入力します．ホスト名を本書と異なるものに設定している場合は，ROS_MASTER_URI，ROS_HOSTNAMEともにご自身の環境に合わせたものに適宜変更してください．

以上で，分散処理を行うための設定は完了です．.bashrcファイルに記述した内容を有効にするために，Ubuntu PC，Raspberry Piともに端末をすべて閉じます．反対に，分散処理を行わないように設定し直す場合は，.bashrcに記述した内容を消せばOKです．

ノードの実行

Raspberry Pi側から先にremote_serverノードを実行します．

【実行（Raspberry Pi）】

```
R $ roscore
```

```
R $ rosrun tutorial_remote remote_server
```

9.2 分散処理を利用するノードの作成

Ubuntu PC側でremote_clientノードを起動する前に，Raspberry PiのROS Masterに正常にアクセスできるか試してみましょう．remote_serverノードで設定したParameter「/text」が読み込めるか，rosparamコマンドで確認します．

```
U $ rosparam get /text
Remote test
```

以上のように表示されればRaspberry Piとの通信に成功しています．remote_clientノードを起動してremote_serverノードと通信を行ってみましょう．

【実行 (Ubuntu PC)】

```
U $ rosrun tutorial_remote remote_client
```

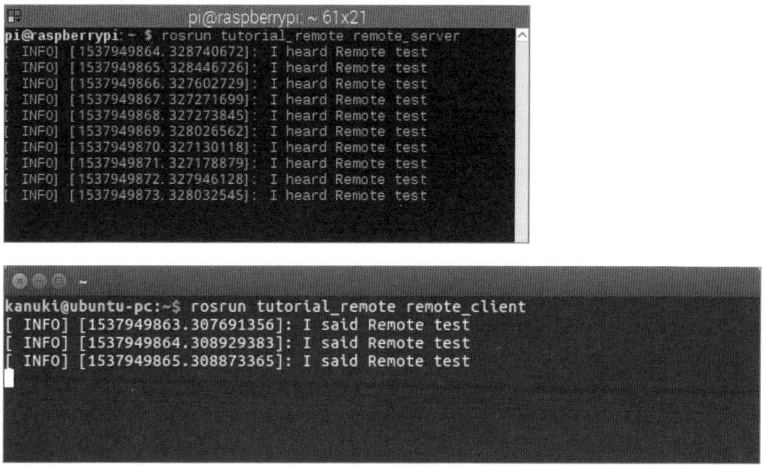

図9 ノードの実行画面 (上：Raspberry Pi，下：Ubuntu PC)

図9のようにUbuntu PC-Raspberry Pi間でROSによる通信ができていることが確認できます．Ubuntu PCでMasterを起動したい場合は両方のPCのROS_MASTER_URIを「http://ubuntu-pc.local:11311」とすればOKです．

ROSの分散機能をうまく使うと，ハードウェアの制約がかかりやすい小型のロボットでもパワフルな処理が可能になり，ロボットができることの幅が広がります．ぜひ活用できるようにしましょう．

さて，ROSの基礎練習となる第2部はここで終了です．第2部はROSの基本となる機能の学習ばかりであまり面白くなかったかもしれません．次の第3部からはいよいよ実際のロボット「Scamper」を使ったROSプログラミングを行い，最終的にはステレオカメラを用いた画像処理による走行制御を実装します．実物に触れるとやはり，「ロボットプログラミング」をしているということが実感できると思います．第3部では，第2部で学習したROSの機能をフルに活用しますので，ここまでの内容をしっかりと復習しておいてください．

column

Scamperの構成について

◆ Scamperの構成

　さて，第2部の学習も終了し，第3部からは全方向移動ロボット「Scamper」を用いて，実際にロボットを動かしながらROSの学習を進めます．その前に，Scamperの構成について簡単に図示しておきます．

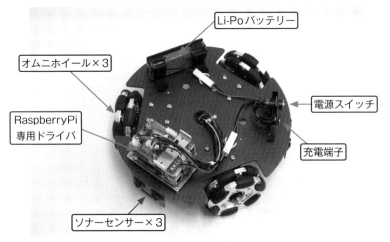

Scamper O-308（オムニホイールタイプ）

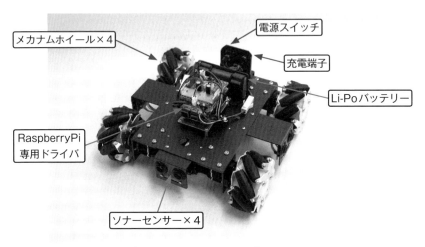

Scamper M-406（メカナムホイールタイプ）

第 3 部

ROS プログラミング 応用編

第 10 章　全方向移動ロボットの走行制御
第 11 章　ROSでカメラを利用してみる
第 12 章　単眼カメラを用いた色検出
第 13 章　ステレオカメラを用いた物体追従

第3部 ROSプログラミング応用編

第10章

全方向移動ロボットの走行制御

　ここまで，ROSのセットアップからプログラミングの基礎練習，お疲れ様でした．本章からはロボットの実物を動かしながら，実践的なROSプログラミングを行います．本書で動作させるロボットの実物には，リバスト社が開発・販売している「Scamper」を使用します．Scamperは全方位移動型のロボットで，3輪オムニホイール（**図1**奥），4輪メカナムホイール（図1手前）の2タイプがあります．

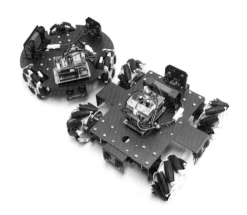

図1 Scamperの外観

　本章では3輪オムニホイール，4輪メカナムホイールの全方位移動機構を有するロボットが移動するメカニズムを力学的観点から説明し，実際にロボットの動作を確認します．さらに，Scamperに搭載されているソナーセンサーを用いて，障害物を回避しながらランダムに動き回るサンプルプログラムを作成します．

10.1 全方位移動機構について

Scamperがどのようにして全方位移動を可能にしているか，そのメカニズムを力学的な観点から見ていきましょう．「力学」というと身構えてしまうかもしれませんが，初等物理の知識があれば十分理解できる内容ですのでご安心ください．

3輪オムニホイールの動作原理

3輪オムニホイールの動作は比較的シンプルで，容易にモデル化できます．3輪オムニホイールのモデルを**図2**に示します．ロボットの分野では図2のように正面方向をx，左側面方向をy，反時計回りにθを取る座標系がよく使われます．このような座標系は「右手系」と呼ばれ，多くの分野で標準とされています．

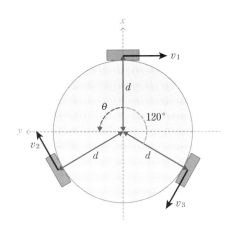

図2 3輪オムニホイールのモデル

ロボットの各ホイールから発生する速度について，速度ベクトル(v_1, v_2, v_3)をそれぞれx方向，y方向に分解します．

$$\begin{aligned}
v_{1x} &= 0, & v_{1y} &= -v_1 \\
v_{2x} &= \frac{\sqrt{3}}{2} v_2, & v_{2y} &= \frac{1}{2} v_2 \\
v_{3x} &= -\frac{\sqrt{3}}{2} v_3, & v_{3y} &= \frac{1}{2} v_3
\end{aligned}$$

上式より，各ホイールの接地面における速度ベクトルの単位ベクトルは，以下のように表せます．

$$\begin{aligned}
e_{1x} &= 0, & e_{1y} &= -1 \\
e_{2x} &= \frac{\sqrt{3}}{2}, & e_{2y} &= \frac{1}{2} \\
e_{3x} &= -\frac{\sqrt{3}}{2}, & e_{3y} &= \frac{1}{2}
\end{aligned}$$

また，ロボットの速度(v_x, v_y, v_θ)およびロボットの中心からホイールまでの距離dを用いると，それぞれのホイールの接地面で発生する速度は以下のようになります．

$$v_i = v_x e_{ix} + v_y e_{iy} - d v_\theta$$

さらに，rをホイールの径，ωをホイールの回転速度とすると$v_i = r\omega_i$と表せます．以上をまとめると，各ホイールの回転速度（$\omega_1, \omega_2, \omega_3$）とロボットの速度（$v_x, v_y, v_\theta$）には，次のような関係があることがわかります．

$$\begin{bmatrix}\omega_1\\ \omega_2\\ \omega_3\end{bmatrix} = \frac{1}{r}\begin{bmatrix} 0 & -1 & -d \\ \frac{\sqrt{3}}{2} & \frac{1}{2} & -d \\ -\frac{\sqrt{3}}{2} & \frac{1}{2} & -d \end{bmatrix}\begin{bmatrix}v_x\\ v_y\\ v_\theta\end{bmatrix}$$

以上の式に従ってロボットを前，左，斜め左に動かそうとすると，**図3**のようにモータを回転させることになります．矢印の長さがモータの速度を表しています．（v_x, v_y, v_θ）に適当な数値を代入して$\omega_1 \sim \omega_3$の数値がどのようになるか確認してみてください．

図3 3輪オムニホイールの動作例

◢ 4輪メカナムホイールの動作原理

次に，4輪メカナムホイールの移動について説明します．車輪数が1つ多いので若干複雑ですが，実は，左右の車輪の構成が点対称になっており，力学モデルは立てやすくなっています．4輪メカナムホイールのモデルを**図4**に示します．

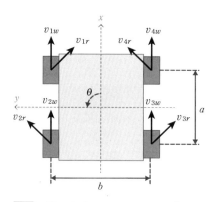

図4 4輪メカナムホイールのモデル

ここでロボットの各ホイールから発生する速度について考えてみます．ホイールが回転すると床面とのあいだに摩擦力が生じます．メカナムホイールの場合，ホイールに対して45°の角度でフリーローラーが取り付けられており，ホイールを回転させると，図4に示すように，ホイール回転による速度ベクトル（v_{iw}）と床に接触しているフリーローラーによる速度ベクトル（v_{ir}）の2つの速度ベクトルが発生します．

各ホイールにおけるx方向の速度（v_{ix}），y方向の速度（v_{iy}）は，フリーローラーの取り付け角度が45°であることから，以下のように表せます．

$$v_{1x} = v_{1w} + \frac{v_{1r}}{\sqrt{2}},\ v_{1y} = -\frac{v_{1r}}{\sqrt{2}}$$

$$v_{2x} = v_{2w} + \frac{v_{2r}}{\sqrt{2}},\ v_{2y} = -\frac{v_{2r}}{\sqrt{2}}$$

$$v_{3x} = v_{3w} + \frac{v_{3r}}{\sqrt{2}},\ v_{3y} = -\frac{v_{3r}}{\sqrt{2}}$$

$$v_{4x} = v_{4w} + \frac{v_{4r}}{\sqrt{2}},\ v_{4y} = -\frac{v_{4r}}{\sqrt{2}}$$

また，v_{ix}，v_{iy}はロボットのx方向の速度（v_x），y方向の速度（v_y），θ方向の回転速度（v_θ），トレッド長（b），ホイールベース（a）を用いて以下のように表すことができます．

$$v_{1x} = v_x - \frac{b}{2}v_\theta,\ v_{1y} = -v_y - \frac{a}{2}v_\theta$$

$$v_{2x} = v_x - \frac{b}{2}v_\theta,\ v_{2y} = v_y + \frac{a}{2}v_\theta$$

$$v_{3x} = v_x - \frac{b}{2}v_\theta,\ v_{3y} = -v_y + \frac{a}{2}v_\theta$$

$$v_{4x} = v_x - \frac{b}{2}v_\theta,\ v_{4y} = v_y - \frac{a}{2}v_\theta$$

以上の式から，各ホイール速度と本体の速度の関係は，以下のように表すことができます．

$$v_{1w} = v_x - v_y - \frac{a+b}{2}v_\theta$$

$$v_{2w} = v_x + v_y - \frac{a+b}{2}v_\theta$$

$$v_{3w} = v_x - v_y + \frac{a+b}{2}v_\theta$$

$$v_{4w} = v_x + v_y + \frac{a+b}{2}v_\theta$$

また，rをホイールの径，ωをホイールの回転速度とすると$v_{iw} = r\omega_i$であるから，ホイールの回転速度は（v_x, v_y, v_θ）を用いて以下のように表すことができます．

$$\begin{bmatrix} \omega_1 \\ \omega_2 \\ \omega_3 \\ \omega_4 \end{bmatrix} = \frac{1}{r} \begin{bmatrix} 1 & -1 & -\frac{a+b}{2} \\ 1 & 1 & -\frac{a+b}{2} \\ 1 & -1 & \frac{a+b}{2} \\ 1 & 1 & \frac{a+b}{2} \end{bmatrix} \begin{bmatrix} v_x \\ v_y \\ v_\theta \end{bmatrix}$$

以上の式に従ってロボットを前，左，斜め左に動かそうとすると，図5のようにモータを回転させることになります．(v_x, v_y, v_θ)に適当な数値を代入して，$\omega_1 \sim \omega_4$の数値がどう変化するか確認してみてください．

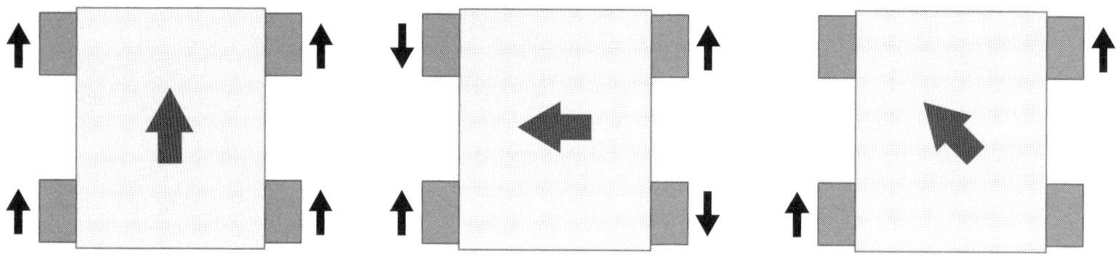

図5 4輪メカナムホイールの動作例

10.2　Scamperのシステムについて

制御プログラムを作成する前に，Scamperのシステムについて簡単に説明します．

Scamperは起動と同時にROSノードが実行され，モータコントローラとの通信，ジョイスティックの情報取得，ソナーセンサーの状態取得，リモートPCとのTCP通信などを行っています．起動時に自動起動するノードは後述の5つです．

Scamperを起動してRDP（リモートデスクトップ）接続し，起動しているノードを確認します（図6）．

```
R $ rosnode list
```

図6 起動しているノードの確認

それぞれのノードについて簡単に説明します．

- scamper_driver

Raspberry Pi 3に搭載された専用のモータコントローラと通信を行うためのノードです．通信にはSPI通信を利用しています．ロボットから得られるエンコーダやモータの回転速度など各種情報をPublishすると同時に，他のノードからの速度指令をSubscribeしてモータコントローラへ送っています．

- scamper_sonar

 Scamperに搭載されているソナーセンサーからのデータを取得し，Publishするノードです．

- scamper_run

 joystickノードからデータをSubscribeし，ロボット速度 (v_x, v_y, v_θ) に変換してPublishするためのノードです．スタンドアローンでロボットを動かす際に使用します．

- scamper_server

 TCP通信によりリモートPCとのデータ通信を行うためのノードです．ROSを用いずにロボットを制御する場合に使用するものですが，本書では使用しません．

- joystick

 Scamperに接続されているジョイスティックの情報を取得するためのノードです．本書では使用しません．

 上記5つのノードの内，本書で扱うscamper_driver，scamper_sonar，scamper_runのTopicについて解説します．

◾ scamper_driver（Subscribe）

- /scamper_driver/cmd_robot_vel（型：geometry_msgs::Twist）

 ロボットの速度を (v_x, v_y, v_θ) で設定します．単位は [m/s]，[rad/s] です．なお，Twist型のlinear.x, linear.y, angular.z以外の成分は無視されます．

- /scamper_driver/cmd_motor_vel（型：std_msgs::Int32MultiArray）

 各モータの回転速度を設定します．単位は [rpm] です．

- /scamper_driver/cmd_wheel_vel（型：std_msgs::Float64MultiArray）

 各ホイールの回転速度を設定します．単位は [rpm] です．

◾ scamper_driver（Publish）

- /scamper_driver/robot_pose（型：nav_msgs::Odometry）

 デッドレコニングにより求めたロボットの位置情報，速度等が含まれます．位置情報は [m]，[rad]，速度は [m/s] で出力されます．オムニホイール，メカナムホイールでは正確な値を求めることはできないため，参考値としてください．

- /scamper_driver/distance（型：std_msgs::Float64）

 ロボットの移動距離 [m] のことです．ロボットの電源を入れたときの値を0とし，そこから積算された値が出力されます．

- /scamper_driver/motor_rpm（型：std_msgs::Int32MultiArray）

 各モータの回転速度 [rpm] です．Int32型配列（配列長3または4）に格納されています．

- /scamper_driver/wheel_rpm（型：std_msgs::Float64MultiArray）

 各ホイールの回転速度 [rpm] です．Float64型配列（配列長3または4）に格納されています．

- /scamper_driver/encoder（型：std_msgs::Int32MultiArray）

 各モータのエンコーダの生データです．Int32型配列（配列長3または4）に格納されています．

- /scamper_driver/motor_pwm（型：std_msgs::Int32MultiArray）

モータコントローラから出力されているPWM出力の生データです．Int32型配列（配列長3または4）に格納されています．

各Topicの配列（型名が「～MultiArray」で終わるもの）の中身は，**図7**のホイールの配列順に対応しています．

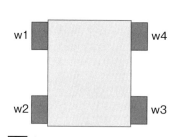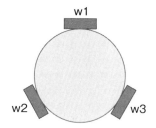

図7 各ロボットのホイールの配置

◼ scamper_sonar（Publish）

- /scamper_sonar/sonar（型：sensor_msgs::PointCloud）

ソナーセンサーから得られた距離情報を点群に変換して出力しています．出力される点群の原点はロボットの中心になります．単位は[m]です．なお，ソナーセンサーでは正確な物体の位置を求めることはできませんので，参考値としてください．

- /scamper_sonar/sonar_dist（型：std_msgs::Float32MultiArray）

ソナーセンサーから得られた距離情報を出力します．出力される情報はそれぞれのソナーセンサーからの距離になります．単位は[m]です．配列には**図8**に示すソナーセンサーの配置（s1～s4/s1～s3）の順にデータが格納されています．

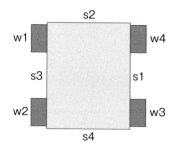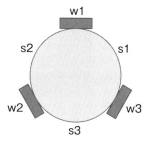

図8 各ロボットのソナーセンサーの配置

◼ scamper_run（Subscribe）

- /scamper_run/is_enable（型：std_msgs::Bool）

scamper_runノードの有効／無効を切り替えます．trueで有効，falseで無効になります．独自のノードから速度指令値をpublishしたいときに用います．

10.3 全方向移動プログラムの作成

Scamperの全方向移動のテストを行うノードを作成します．後々再利用できるように，指定された位置座標までロボットを移動させるノード（omni_move.cpp）と位置座標の指令を与えるノード（move_test.cpp）を分けて作ります．データのやりとりにはactionlibを用いますので，使い方を忘れてしまった方は7.4節を復習しておきましょう．なお，このプログラムは，オムニ／メカナムどちらのタイプにも対応しています．

■ パッケージの作成

ScamperにRDP接続し，「scamper_move」という名前でパッケージを作成します．依存パッケージが多いので，抜けやタイプミスがないように気をつけてください．

```
R $ cd ~/catkin_ws/src
R $ catkin_create_pkg scamper_move roscpp geometry_msgs std_msgs actionlib actionlib_msgs
    message_generation message_runtime
```

※レイアウトの都合上改行していますが，実際は1行で入力します．
※Scamperの初期バージョンでは，ワークスペースディレクトリが「~/catkin_ws」ではない可能性があります．該当する場合は，Scamperのマニュアルに記述されているワークスペースディレクトリを使用してください．

パッケージのsrcディレクトリ直下に，ソースファイル「omni_move.cpp」「move_test.cpp」を作成します．

```
R $ touch ~/catkin_ws/src/scamper_move/src/omni_move.cpp
R $ touch ~/catkin_ws/src/scamper_move/src/move_test.cpp
```

■ Action型の定義

goalに目標地点の相対座標(x, y)を，resultに到達できたかどうかの結果のメッセージを，feedbackにロボットの現在位置を格納するAction型を定義します．パッケージに「action」ディレクトリ，「ScamperMove.action」ファイルを作成し，次のとおり編集します．

```
R $ mkdir ~/catkin_ws/src/scamper_move/action
R $ touch ~/catkin_ws/src/scamper_move/action/ScamperMove.action
```

ScamperMove.action

```
# Goal
geometry_msgs/Point32 target_pt
---
# Result
string msg
---
# Feedback
geometry_msgs/Pose pose
```

■ ヘッダファイルの生成

ソースコードにとりかかる前に CMakeLists.txt を編集し，action ファイルをヘッダファイルに変換します．編集が終わったら，パッケージをビルドします．

CMakeLists.txt

```
cmake_minimum_required(VERSION 2.8.3)
project(scamper_move)
set(CMAKE_CXX_FLAGS "-std=c++11 ${CMAKE_CXX_FLAGS}")

find_package(catkin REQUIRED COMPONENTS
  actionlib
  actionlib_msgs
  geometry_msgs
  message_generation
  message_runtime
  roscpp
  std_msgs
)

add_action_files(
  FILES
  ScamperMove.action
)

generate_messages(DEPENDENCIES geometry_msgs actionlib_msgs)

catkin_package()
```

【ビルド】

```
R $ cd ~/catkin_ws
R $ catkin_make -DCATKIN_WHITELIST_PACKAGES="scamper_move"
```

正常に action ファイルが変換されると，devel/include/scamper_move ディレクトリに以下のヘッダファイルが生成されます．ls コマンドで確認しておきましょう．

```
R $ ls devel/include/scamper_move
ScamperMoveAction.h       ScamperMoveActionGoal.h       ScamperMoveFeedback.h
ScamperMoveResult.h       ScamperMoveActionFeedback.h
ScamperMoveActionResult.h ScamperMoveGoal.h
```

■ ソースコードの編集（omni_move.cpp）

Scamper に速度指令を送り，ロボットの位置を制御する「omni_move」ノードを作成します．omni_move ノードでは，次の処理を行っています．

- 目標地点を相対座標で受信する（actionlib）
- 目標地点に向かってロボットを移動させる
- ロボットが目標地点に到達したら "succeeded" とメッセージを送信する

omni_move.cpp

```cpp
#include <ros/ros.h>
#include <geometry_msgs/Twist.h>
#include <nav_msgs/Odometry.h>
#include <std_msgs/Float64.h>
#include <scamper_move/ScamperMoveAction.h>
#include <actionlib/server/simple_action_server.h>
#include <cmath>

using namespace scamper_move;
using actionlib::SimpleActionServer;
typedef SimpleActionServer<ScamperMoveAction> Server;

geometry_msgs::Pose g_pose;
double g_current_dist = .0;

/*** Actionを実行したときに呼び出されるコールバック関数 ***/
void actMoveDirection(const ScamperMoveGoalConstPtr &goal, Server *server,
                      ros::Publisher *pub_vel, double max_vel)
{
  static double old_dist = .0;
  geometry_msgs::Twist stop_vel, target_vel;
  double goal_x = goal->target_pt.x, goal_y = goal->target_pt.y;
  /*** 目標地点の方向からVx, Vyを決定 ***/
  if(goal_x == 0 && goal_y == 0){
    target_vel = stop_vel;
  } else{
    double target_dir = atan2(goal_y, goal_x);
    target_vel.linear.x = max_vel * cos(target_dir);
    target_vel.linear.y = max_vel * sin(target_dir);
  }
  /*** 目標地点までの距離を算出 ***/
  double target_dist = sqrt(goal_x * goal_x + goal_y * goal_y);
  old_dist = g_current_dist;
  /*** ループ周期の設定 ***/
  ros::Rate loop_rate(10);
  /*** feedbackとresultの宣言 ***/
  ScamperMoveFeedback feedback;
  ScamperMoveResult result;
  /*** 目標地点までの移動制御 ***/
  while(ros::ok() && !server->isPreemptRequested()){
    /*** 目標地点まで到達した場合 ***/
    if((g_current_dist - old_dist) >= target_dist){
      /*** 結果のメッセージを設定 ***/
      result.msg = "Succeeded";
      break;
    }
    /*** 目標地点まで到達していない場合 ***/
    else{
      /*** 現在の座標を送信 ***/
      feedback.pose = g_pose;
      server->publishFeedback(feedback);
      pub_vel->publish(target_vel);
    }
```

第10章 全方向移動ロボットの走行制御

```
    loop_rate.sleep();
  }
  pub_vel->publish(stop_vel);
  if(server->isPreemptRequested()) server->setPreempted();
  else server->setSucceeded(result);
}

/*** robot_poseを受信したときに呼ばれるコールバック関数 ***/
void onPoseSubscribed(const nav_msgs::Odometry &pose)
{
  g_pose = pose.pose.pose;
}

/*** distanceを受信したときに呼ばれるコールバック関数 ***/
void onDistSubscribed(const std_msgs::Float64 &dist)
{
  g_current_dist = dist.data;
}

int main(int argc, char** argv)
{
  /*** ROSの初期化 ***/
  ros::init(argc, argv, "omni_move");
  ros::NodeHandle nh;
  /*** Parameterの読み込み ***/
  double max_vel = nh.param<double>("max_vel", 0.1);
  /*** Publisherの初期化 ***/
  ros::Publisher pub_vel = nh.advertise<geometry_msgs::Twist>("/scamper_driver/cmd_robot_vel", 10);
  /*** Subscriberの初期化 ***/
  ros::Subscriber sub_odo = nh.subscribe("/scamper_driver/robot_pose", 10, onPoseSubscribed);
  ros::Subscriber sub_dist = nh.subscribe("/scamper_driver/distance", 10, onDistSubscribed);
  /*** Action serverの初期化 ***/
  Server server(nh, "omni_move",
                boost::bind(&actMoveDirection, _1, &server, &pub_vel, max_vel), false);
  /*** Action serverの開始 ***/
  server.start();
  /*** コールバックを待機 ***/
  ros::spin();
  return 0;
}
```

　長いソースコードになってしまいましたが，基本的な部分はこれまでに学習した内容ですので，一つひとつ処理を追っていけば理解できる内容かと思います．

　座標を指定してロボットを移動させる制御を行っているのは，Actionの実態である「actMoveDirection」関数です．座標は，ロボットからの相対座標を指定します．与えられた目標地点（指定した座標）からロボットが移動すべき方向を算出し，その方向に進むように速度（v_x, v_y）を計算します．また，それと同時に目標地点までの距離を算出しています．

　一定間隔のループで移動した距離を求め，「移動した距離 ≧ 目標地点までの距離」になったら目標地点に到達したと判定し，処理を終了します．また，Actionの呼び出し側からActionが中断された場合も処理を終了します．

- SimpleActionServer<T>::isPreemptRequested

呼び出し側からActionが中断されたかどうかを判定します．中断された場合，戻り値としてtrueを返します．ロボットの移動のような途中で中断する可能性のあるActionでは，whileループ内部などにこの関数を実装しておく必要があります．

- SimpleActionServer<T>::setPreempted

Actionの状態をPREEMPTEDに移行させます．この関数を呼び出すことで，Action呼び出し側ノードはActionの状態が変更されたことを確認できるようになります．

◼ ソースコードの編集（move_test.cpp）

Scamperを動かす指令を与える「move_test」ノードを編集します．move_testノードでは，次の処理を行っています．

- ロボットを縦横斜め8方向に50cmずつ移動させる指令を与える
- ロボットの移動中，現在の座標を表示する
- 各方向への移動完了時にメッセージを表示する

move_test.cpp

```cpp
#include <ros/ros.h>
#include <scamper_move/ScamperMoveAction.h>
#include <actionlib/client/simple_action_client.h>

using namespace scamper_move;
using actionlib::SimpleActionClient;
using actionlib::SimpleClientGoalState;
typedef SimpleActionClient<ScamperMoveAction> Client;

/*** Action完了時に呼び出されるコールバック関数 ***/
void onActionDone(const SimpleClientGoalState &state, const ScamperMoveResultConstPtr &result)
{
  ROS_INFO("Result message : %s", result->msg.c_str());
}
/*** Action起動時に呼び出されるコールバック関数 ***/
void onActionActivate()
{
  ROS_INFO("Action was activated");
}
/*** Feedback受信時に呼び出されるコールバック関数 ***/
void onFeedbackReceived(const ScamperMoveFeedbackConstPtr &feedback)
{
  ROS_INFO("Pose : (%.2f, %.2f)",
    feedback->pose.position.x, feedback->pose.position.y);
}

int main(int argc, char** argv)
{
  /*** ROSノードの初期化 ***/
  ros::init(argc, argv, "move_test");
```

```
/*** actionlib clientの初期化 ***/
Client client("omni_move", true);
client.waitForServer();
/*** 目標地点のリストを生成 ***/
std::array<std::array<double, 2>, 8> target_pts =
{
  std::array<double, 2>{0.5, .0}, std::array<double, 2>{-0.5, .0},
  std::array<double, 2>{.0, 0.5}, std::array<double, 2>{.0, -0.5},
  std::array<double, 2>{0.354, 0.354}, std::array<double, 2>{-0.354, -0.354},
  std::array<double, 2>{0.354, -0.354}, std::array<double, 2>{-0.354, 0.354}
};
/*** Scamperを縦横斜め8方向に移動 ***/
ScamperMoveGoal goal;
for(int i = 0; i < target_pts.size(); i++){
  /*** 目標地点の設定 ***/
  goal.target_pt.x = target_pts[i][0];
  goal.target_pt.y = target_pts[i][1];
  /*** Actionの呼び出し ***/
  client.sendGoal(goal, &onActionDone, &onActionActivate, &onFeedbackReceived);
  /*** Actionが終了するまで待機 ***/
  while(ros::ok() && client.getState() != SimpleClientGoalState::SUCCEEDED){
    ros::Duration(0.1).sleep();
  }
  ros::Duration(1.0).sleep();
}
return 0;
}
```

Actionのgoalに目標となる座標（ロボットからの相対座標）を指定して，Actionを呼び出しています．Actionの完了時，feedbackの受信時にコールバック関数が呼ばれるのは，今までのサンプルプログラムと同じです．目標地点は予め配列（std::array）で宣言しておくことで，for文内で繰り返し処理が行えるようになり，ソースコードの記述量を減らすことができています．

◾ CMakeLists.txtの編集

omni_moveノード，move_testノードが生成されるように，CMakeLists.txtの末尾に以下の内容を追加します．

CMakeLists.txt

```
### 省略 ###
include_directories(${catkin_INCLUDE_DIRS})

set(TARGET "omni_move")
add_executable(${TARGET} src/${TARGET}.cpp)
target_link_libraries(${TARGET} ${catkin_LIBRARIES})

set(TARGET "move_test")
add_executable(${TARGET} src/${TARGET}.cpp)
target_link_libraries(${TARGET} ${catkin_LIBRARIES})
```

■ パッケージのビルド & ノードの実行

パッケージのビルドとノードの動作確認を行います．

ここで一つ注意ですが，ノードを実行する前に自動起動している「scamper_run」ノードを無効化しましょう．無効化しておかないと，omni_moveノードからの速度指令が上書きされてしまいます（詳しくはScamperのマニュアルを見てください）．

Scamperでの実行の場合，roscoreは自動で起動されるため，入力の必要はありません．なお，ノードを実行するとScamperが動き始めます（**図9**）．十分なスペースを確保してから実行するようにしてください．

【ビルド】

```
R $ cd ~/catkin_ws
R $ catkin_make -DCATKIN_WHITELIST_PACKAGES="scamper_move"
```

【scamper_runノードの無効化】

```
R $ rostopic pub -1 /scamper_run/is_enable std_msgs/Bool "data: false"
```

【実行】

```
R $ rosrun scamper_move omni_move
```

```
R $ rosrun scamper_move move_test
```

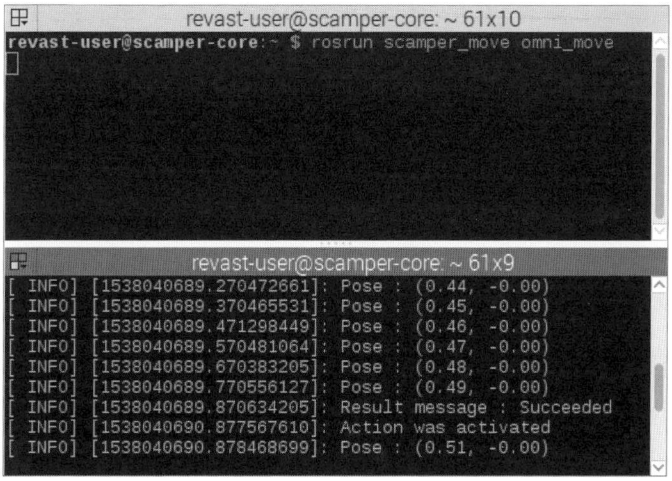

図9 ノードの実行画面

ノード実行中はScamperが8方向に50cmずつ移動し，最終的にほぼ元の位置に戻ってきます．移動している様子を観察して，各ホイールが10.1節で紹介したモデルどおり回転しているか確かめてみましょう．

10.4 障害物回避プログラムの作成

Scamperにはソナーセンサーが搭載されており，ロボットと物体までの距離を計測することができます（**図10**）．このソナーセンサーを使って，ロボットが障害物を避けながら動き回るプログラムを作成してみましょう．

図10 Scamperのソナーセンサー

■ ソースコードの編集（wander.cpp）

wanderノードでは以下の処理を行います．

- ランダムな方向に50cm移動する
- 移動中に障害物がある場合，停止して別の方向に移動する
- すべての方向に障害物がある場合は停止する

当然のことながらソナーセンサーのある方向の障害物しか検知できないため，移動する方向はソナーセンサーのある方向に限定します（それぞれのロボットのソナーセンサーの位置は，図8に示しています）．ロボットの移動制御は前節で作成したomni_moveノードを使いますので，ロボットに指令を与えるノードのみの作成です．なお，3輪オムニでも4輪メカナムでも動作するように作成します．

以下のコマンドを入力し，scamper_moveパッケージ内にソースファイル「wander.cpp」を作成，編集します．

```
R $ touch ~/catkin_ws/src/scamper_move/src/wander.cpp
```

wander.cpp

```
#include <ros/ros.h>
#include <std_msgs/Float32MultiArray.h>
#include <scamper_move/ScamperMoveAction.h>
#include <actionlib/client/simple_action_client.h>

using namespace scamper_move;
```

10.4 障害物回避プログラムの作成

```cpp
using actionlib::SimpleActionClient;
using actionlib::SimpleClientGoalState;
typedef SimpleActionClient<ScamperMoveAction> Client;

std::vector<float> g_sonar;

void onSonarSubscribed(const std_msgs::Float32MultiArray &sonar)
{
  g_sonar = sonar.data;
}

int main(int argc, char** argv)
{
  /*** ROSノードの初期化 ***/
  ros::init(argc, argv, "wander");
  ros::NodeHandle nh;
  /*** Parameterの読み込み ***/
  std::string robot_type;
  double obst_dist = nh.param<double>("obst_dist", 0.2);
  nh.getParam("/scamper_driver/robot_type", robot_type);
  /*** Subscriberの設定 ***/
  ros::Subscriber sub_sonar = nh.subscribe("/scamper_sonar/sonar_dist", 10, onSonarSubscribed);
  /*** actionlib clientの初期化 ***/
  Client client("omni_move", true);
  client.waitForServer();
  /*** 目標地点のリストを生成 ***/
  std::vector<std::array<float, 2>> target_pts;
  if(robot_type == "Omni3WD"){
    target_pts = std::vector<std::array<float, 2>>
    {
      std::array<float, 2>{0.25, -0.43}, std::array<float, 2>{0.25, 0.43},
      std::array<float, 2>{-0.5, .0}
    };
  } else if(robot_type == "Mecanum4WD"){
    target_pts = std::vector<std::array<float, 2>>
    {
      std::array<float, 2>{.0, -0.5}, std::array<float, 2>{0.5, .0},
      std::array<float, 2>{.0, 0.5}, std::array<float, 2>{-0.5, .0}
    };
  } else{
    ros::shutdown();
  }
  std::array<bool, 4> is_obst = {false, false, false, false};
  bool is_stop = false;
  /*** コールバックを別スレッドで待機 ***/
  ros::AsyncSpinner spinner(1);
  spinner.start();
  /*** ループ周期の設定 ***/
  ros::Rate loop_rate(10);
  /*** Scamperをランダム(3または4方向)に移動 ***/
  ScamperMoveGoal goal;
  while(ros::ok()){
    /*** 現在の時間から移動する方向を決定 ***/
    unsigned long t = ros::Time::now().toNSec();
```

```
    /*** 進行方向の設定 ***/
    unsigned int dir = t % target_pts.size();
    is_stop = false;
    /*** 障害物のチェック ***/
    for(int i = 0; i < g_sonar.size(); i++){
      if(g_sonar[i] < obst_dist && g_sonar[i] != .0f) is_obst[i] = true;
      else is_obst[i] = false;
    }
    /*** 障害物のある方向には進まないように設定 ***/
    if(is_obst[dir]){
      for(int i = 0; i < target_pts.size() - 1; i++){
        if(++dir == target_pts.size()) dir = 0;
        if(!is_obst[dir]) break;
        if(i == target_pts.size() - 2) is_stop = true;
      }
    }
    /*** 目標地点の設定 ***/
    if(is_stop){
      loop_rate.sleep();
      continue;
    } else{
      goal.target_pt.x = target_pts[dir][0];
      goal.target_pt.y = target_pts[dir][1];
    }
    /*** Actionの呼び出し ***/
    client.sendGoal(goal);
    /*** Actionが終了するまで待機 ***/
    while(ros::ok()){
      /*** 障害物のチェック ***/
      for(int i = 0; i < g_sonar.size(); i++){
        if(g_sonar[i] < obst_dist && g_sonar[i] != .0f) is_obst[i] = true;
        else is_obst[i] = false;
      }
      /*** 進行方向に障害物が存在すればActionを中断 ***/
      if(is_obst[dir]) {
        client.cancelGoal();
        ROS_INFO("Obstacle was detected");
        while(client.getState() != SimpleClientGoalState::PREEMPTED);
        break;
      }
      if(client.getState() == SimpleClientGoalState::SUCCEEDED) break;
      loop_rate.sleep();
    }
  }
  return 0;
}
```

　まず，Parameterについて説明しますと，障害物として認識する距離を「obst_dist」とし，デフォルトは0.2m（=20cm）と設定しています．scamper_driverノードで設定しているParameter「robot_type」からはロボットの種類（3輪オムニまたは4輪メカナム）を判定し，種類に応じた目標地点のリストを作成しています．

　また，ループ内で別の処理をしつつソナーセンサーのデータをSubscribeする必要があるため，

ros::AsyncSpinnerを使って別スレッドでコールバック関数を待機しています．

ループ内では障害物を検知し，現在の進行方向に障害物が存在すればActionを中断して，別の方向に移動するようにしています．なお，進行方向はランダムになるように設定していますが，乱数は使わず，現在時刻〔ナノ秒〕から決定しています．

- SimpleActionClient<T>::cancelGoal

実行中のActionを中断したいときに呼び出します．ただし，中断要求が送られてきたときの処理がServer側に用意されていない場合，何も起こりませんので気をつけてください．

◼ CMakeLists.txtの編集

wanderノードが生成されるように，CMakeLists.txtの末尾に以下を追記してください．

CMakeLists.txt

```
### 省略 ###
set(TARGET "wander")
add_executable(${TARGET} src/${TARGET}.cpp)
target_link_libraries(${TARGET} ${catkin_LIBRARIES})
```

◼ パッケージのビルド ＆ ノードの生成

パッケージをビルドして実行してみましょう．前回同様，実行の前に「scamper_run」ノードを無効化します．

【ビルド】

```
R $ cd ~/catkin_ws
R $ catkin_make -DCATKIN_WHITELIST_PACKAGES="scamper_move"
```

【scamper_runの無効化】

```
R $ rostopic pub -1 /scamper_run/is_enable std_msgs/Bool "data: false"
```

【実行】

```
R $ rosrun scamper_move omni_move
```

```
R $ rosrun scamper_move wander
```

プログラムを実行すると，Scamperは走行を始め，走行している方向に障害物があると一旦停止し，向きを変えて障害物のない方向へ移動を再開します．障害物が見つかると端末上に「Obstacle was detected」と表示されます（**図11**）．また，Scamperが**図12**のように動くのが確認できます．

第10章 全方向移動ロボットの走行制御

図11 ノードの実行画面

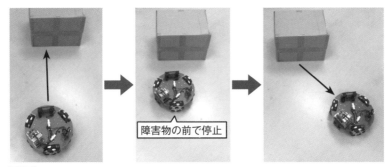

図12 実際の移動の様子

column

ロボットの自律走行

◆ 自律走行するために必要なセンサーは？

　第10章ではソナーセンサーを用いてScamperが障害物を避けながら走行するプログラムを作成しました．これも立派な自律走行の一つです．より高度な自律走行を行うためにはどのようなセンサーが必要なのでしょうか？

　まず，ロボットがある地点からある地点まで移動することを考えます．目標地点に到達するために，ロボットは目標地点の位置と自分自身の現在の位置（自己位置）を知っている必要があります．自己位置はエンコーダによる車輪の回転数やIMUセンサーなどの内界センサーから推測することもできますが，走行する距離が長くなればなるほど誤差が大きくなります．特に，屋外の不整地路面やタイヤが滑りやすい路面などでは自己位置が狂いやすくなります．そのため，外界センサーを用いてロボットの自己位置の補正を行うのが一般的です．外界センサーとは自分以外の状況を検知するセンサーで，例えばGNSS（GPS）やLiDAR，カメラ，地磁気センサーなどがあります．つくばチャレンジ（筆者も参加している，自律走行ロボットの公開実験）に参加しているチームの多くは，LiDARを用いて自己位置の補正し，自律走行を実現しています．

◆ LiDARを用いた自己位置補正

　LiDARとは，「Light Detection And Ranging」の略で，簡単に説明するとレーザー光を照射して物体までの距離を計測できるセンサーです．ロボットでは周囲360°（ものによって計測できる範囲は異なります）の範囲にレーザー光を照射して，ロボットの周りの環境の形状情報を取得できるものがよく用いられます．ロボットは走行しながらLiDARデータを記録していき，1回のスキャンで得られる点群データを重ね合わせて，大きな環境地図を作ります．自律走行を行うときには，LiDARで今見えている点群データが環境地図のどのあたりのものと一致するのかを計算して自己位置を補正するケースがよく見られます．

LiDARの例

　興味がある方は，「SLAM」「Laser Localization」などのキーワードで検索してみましょう．

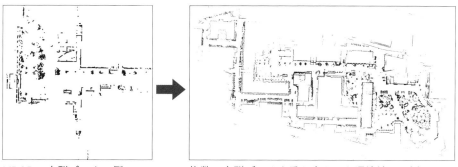

LiDARの点群データの例　　　複数の点群データを重ね合わせた環境地図の例

第 **3** 部 ROSプログラミング応用編

第11章

ROSでカメラを利用してみる

　本章では，Scamperにオプションで搭載可能なカメラから，画像を取得して表示する処理を行います．カメラ画像の取得には，画像処理機能をもつライブラリ「OpenCV」を用い，C++言語においての画像の扱い方についても解説します．なお，本章で使用するScamperのステレオカメラは，市販のUSBカメラ（単眼）で代用可能です．

　ROSで画像を扱う場合，OpenCVの画像型（Mat型）をそのままTopicとして利用することはできないため，ROSの画像型に変換する工夫が必要になります．ステレオカメラから得た画像のPublishはROSの「usb_cam」パッケージや「uvc_camera」パッケージ，Scamperのステレオカメラに付属する「ros_scamper_eyes」パッケージで簡単に実現できますが，画像をTopicとして扱うことに慣れるため，あえて本章ではノードを作成して画像をPublish/Subscribeしてみましょう．

11.1　OpenCVでの画像データの扱い方

　OpenCVを用いて画像を読み込み，読み込んだ画像をグレースケール画像に変換して保存するプログラムを作成します．

◼ OpenCVで読み書きできるフォーマット

　OpenCVはさまざまな画像フォーマットに対応しています．なかでもよく使われるフォーマット「*.bmp」「*.jpg（*.jpeg）」「*.png」の3種類について，それぞれの特徴を説明します．

- Windows bitmaps（*.bmp）

　無圧縮のフォーマットで，カラー画像の場合1ピクセルあたり3byte，グレースケール画像の場合1ピクセルあたり1byteです．圧縮されないため読み書きが高速で，画像情報の損失もなく，画像処理の分野ではよく使われるフォーマットです．ただし，画像ファイルの容量が大きくなりやすく，大量に画像を保存する場合には向きません．

- JPEG files（*.jpg，*.jpeg）

  圧縮された画像フォーマットで，Webサイトや写真などでよく使われています．画像の色情報を一部削除するため，大きな画像でも比較的小さなサイズで保存できますが，保存形式が非可逆圧縮のため，正確な色情報を得ることはできなくなります．よって，人間が目視で画像を確認するには問題ありませんが，色情報を利用した画像処理には向きません．また，処理速度はbmpファイルよりも遅くなります．

- Portable Network Graphics（*.png）

  圧縮された画像フォーマットで，Webサイトや文字・図式などを含む場合によく使われます．透過チャンネルに対応しているのが特徴です．可逆圧縮のため色情報の劣化がなく，画像処理の分野でもよく用いられています．ベタ塗りが多い画像の場合，jpgよりも高い圧縮率になることもありますが，読み書きの速度はjpgよりも遅くなることが多いです．

■ 画像データの扱い方

OpenCVでは「Mat」クラスに画像データを格納します．Matクラスには画像の画素情報以外に高さ（rows），幅（cols），チャンネル数（カラーは3，グレースケールは1），ビット深度（8bit，16bit，32bit，64bit）などの情報が含まれています．Matクラスの詳細については下記URLのWebサイトを参照してください．

● **OpenCV CookBook**

http://opencv.jp/cookbook/opencv_mat.html

■ パッケージの作成

今回は特にROSにしかない機能は使わないのですが，ここまでで慣れてきたところですので，ROSパッケージを使ってOpenCVの練習プログラムを作成してみます．パッケージ名は「tutorial_opencv」とします．

```
R $ cd ~/catkin_ws/src
R $ catkin_create_pkg tutorial_opencv roscpp
```

■ ソースコードの編集

OpenCVの練習用プログラムのソースファイル「color2gray.cpp」を作成し編集します．color2gray.cppでは以下の処理を行います．

- コマンドライン引数で指定された画像ファイルを読み込む
- 読み込んだ画像をグレースケール画像に変換する
- コマンドライン引数で指定されたパスにグレースケール画像を保存する

```
R $ touch ~/catkin_ws/src/tutorial_opencv/src/color2gray.cpp
```

第11章 ROSでカメラを利用してみる

color2gray.cpp

```cpp
#include <ros/ros.h>
#include <opencv2/opencv.hpp>

int main(int argc, char **argv)
{
  /*** コマンドライン引数の確認 ***/
  if(argc < 3){
    ROS_ERROR("Usage is %s [input image] [output image]", argv[0]);
    return -1;  // 引数不足の場合ノード終了
  }
  /*** ROSの初期化 ***/
  ros::init(argc, argv, "color2gray");
  /*** 画像ファイルの読み込み ***/
  cv::Mat color_img = cv::imread(argv[1], 1);
  /*** 画像ファイルの読み込みに失敗したら終了 ***/
  if(color_img.empty()){
    ROS_ERROR("Failed to load %s", argv[1]);
    return -1;
  }
  /*** 出力用画像の変数を宣言 ***/
  cv::Mat gray_img(color_img.rows, color_img.cols, CV_8UC1);
  /*** カラー画像からグレースケール画像に変換 ***/
  for(int y = 0; y < gray_img.rows; y++){
    for(int x = 0; x < gray_img.cols; x++){
      cv::Vec3b val = color_img.at<cv::Vec3b>(y, x);
      gray_img.at<uchar>(y, x) =
        0.114 * val[0] + 0.587 * val[1] + 0.299 * val[2];
    }
  }
  /*** 変換した画像の表示 ***/
  cv::imshow("Grayscale", gray_img);
  cv::waitKey(0); // ウィンドウ上で何かキーが押されるまで待機
  /*** 指定したディレクトリにグレースケール画像を保存 ***/
  cv::imwrite(argv[2], gray_img);
  return 0;
}
```

- cv::Mat

画像を扱うためのクラスです．コンストラクタはオーバーロードが多数ありますが，よく使うのは第1引数に「画像の高さ」，第2引数に「画像の幅」，第3引数に「画像の形式」を指定して初期化するものです．画像の形式は8ビットのグレースケールの場合「CV_8UC1」，8ビットのカラーの場合「CV_8UC3」を指定します．

- cv::imread

ファイルシステムから画像を読み込むための関数です．第1引数に画像へのパスをstd::string型で，第2引数にint型でカラー「1」またはグレー「0」を指定します．戻り値として，読み込んだ画像をMat型で返します．

- cv::Mat::empty

Matのインスタンスにデータが格納されているか判断する関数です．データが空の場合，戻り

値としてtrueを返します．imreadなどで画像の入力が正常に行われたか確認するために使用します．

- cv::Mat::rows，cv::Mat::cols

  画像の高さ，幅を取得できます．rows＝行＝高さ，cols＝列＝幅です．

- cv::imshow

  画像を表示するための関数です．呼び出すとウィンドウが生成され，後述するwaitKey関数で指定した時間だけ画像が表示されます．第1引数にウィンドウ名をstd::string型で，第2引数に表示する画像をMat型で指定します．waitKey関数と必ずセットで使用します．

- cv::waitKey

  画像を表示しているウィンドウへのキー入力を待機する関数です．引数に待機する時間をミリ秒で指定します．0を与えた場合，キーが入力されるまで待機し続けます．戻り値として入力されたキーをint型（キーコード）で返します．

画素へのアクセス方法

OpenCVのMat型に格納されている画素へのアクセス方法について説明します．画像データはMatクラスのdataメンバ（unsigned char*型）に格納されており，直接アクセスすることもできますが，最も簡単な方法は「at」関数を用いる方法です．OpenCVにおけるグレースケール画像，カラー画像のdata配列の例をそれぞれ**図1**，**図2**に示します．両方共に幅（cols）=5，高さ（rows）=4の画像を例としています．

0	1	2	3	4
5	6	7	8	9
10	11	12	13	14
15	16	17	18	19

図1 グレースケール画像の場合のdata配列

0	1	2	3	4	5	6	7	8	9	10	11	12	13	14
15	16	17	18	19	20	21	22	23	24	25	26	27	28	29
30	31	32	33	34	35	36	37	38	39	40	41	42	43	44
45	46	47	48	49	50	51	52	53	54	55	56	57	58	59

図2 カラー画像の場合のdata配列

グレースケール画像の場合，img.data[0]とすると左上隅の画素値が，カラー画像の場合，左上隅の画素の青成分の値が得られます．カラー画像の場合，色の並び方が「青→緑→赤」とBGRの順になっている点に気をつけてください．画素を(x, y)で指定して画素値を得たい場合，data配列で画素値にアクセスしようとすると少し不便です．そのため，通常はat関数を用いて特定

の画素にアクセスします．at関数を用いたグレースケール，カラーの場合の画素値へのアクセス方法は次の通りです．定型文的に覚えておきましょう．カラー画像の画素値へのアクセスに用いるcv::Vec3bは，uchar[3]と同じようなものという認識でOKです．

グレースケール画像の場合

```
img.at<uchar>(y, x)
```

カラー画像の場合

```
img.at<cv::Vec3b>(y, x)
```

ただし，at関数は処理速度が若干遅いですので，高速な処理が必要な場合には不向きです．at関数を使用せず高速に画素値を取得する方法は，12章，13章で紹介します．

◼ CMakeLists.txtの編集

color2grayノードがビルドされるようにCMakeLists.txtを編集しましょう．今回は外部ライブラリとしてOpenCVを使うので，catkinのモジュールとは別にfind_packageでOpenCVのインクルードパス，ライブラリを取得します．

CMakeLists.txt

```
cmake_minimum_required(VERSION 2.8.3)
project(tutorial_opencv)

find_package(catkin REQUIRED COMPONENTS
  roscpp
)
find_package(OpenCV 3 REQUIRED COMPONENTS
  opencv_core
  opencv_highgui
)

catkin_package()

include_directories(
  ${catkin_INCLUDE_DIRS}
  ${opencv_INCLUDE_DIRS}
)

set(TARGET "color2gray")
add_executable(${TARGET} src/${TARGET}.cpp)
target_link_libraries(${TARGET} ${catkin_LIBRARIES} ${opencv_LIBRARIES})
```

◼ パッケージのビルド & ノードの実行

パッケージをビルドしてcolor2grayノードを生成し，実行して動作を確認しましょう．

実行の際に，rosrunコマンドに対してコマンドライン引数を指定します．今回はRaspberry Piの/usr/share/rpd_wallpaperディレクトリにある「raspberry-pi-logo.png」を読み込んでグレー

スケールに変換後，ホームディレクトリに「logo_gray.jpg」として保存するように指定しています．

【ビルド】

```
R $ cd ~/catkin_ws
R $ catkin_make -DCATKIN_WHITELIST_PACKAGES="tutorial_opencv"
```

【実行】

```
R $ rosrun tutorial_opencv color2gray /usr/share/rpd-wallpaper/raspberry-pi-logo.png ⏎
    ~/logo_gray.png
```

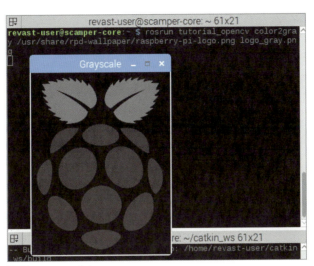

図3 ノードの実行画面

ノードを実行すると，図3に示すように，コマンドライン引数で指定した画像をグレースケールにしたものが，ソースコードのimshow関数で指定した名称のウィンドウに表示されます．ウィンドウ上で何かキーを押すとホームディレクトリにlogo_gray.jpgというファイルが生成され，ノードが終了します．

本節ではOpenCVの使い方の基礎を紹介しましたが，OpenCVの機能は多岐にわたり，本書ではとても説明しきれません．より詳しい情報はOpenCVの公式Webサイトで調べてみるとよいでしょう．なお，OpenCVの日本語のサイトもありますが，情報が古いため，英語のサイトを参照することをオススメします．

- OpenCV（英語）

  https://docs.opencv.org/3.2.0/

- OpenCV（日本語）

  http://opencv.jp/opencv-2.2/cpp/

11.2 OpenCVとROSの連携

OpenCVの基本的な使い方がわかってきたところで，今度はROSと連携して，Scamperのステレオカメラから取得した単眼画像データをPublish/Subscribeし表示するノードを作成します．

■ Topicの型について

OpenCVで画像を扱う際に用いるMat型はROSのTopicとしてそのまま使うことはできません．画像データをTopicとしてノード間でやりとりする場合にはsensor_msgsパッケージに含まれるImage型を用いるため，型変換が必要です．Mat-Image間の型変換は，「cv_bridge」パッケージを用いることで簡単にできます．本節では，cv_bridgeを使って，**図4**のイメージでノードを作成します．

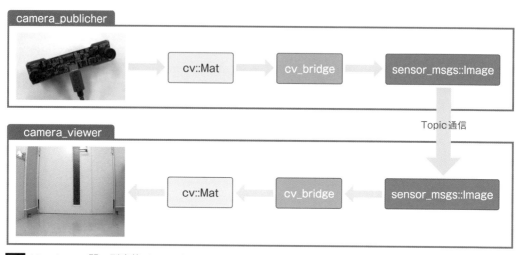

図4 Mat - Image間の型変換イメージ

■ パッケージの作成

Scamperで画像処理を行うためのパッケージ「scamper_vision」を作成します．依存パッケージは「roscpp」「cv_bridge」「sensor_msgs」とします．

```
R $ cd ~/catkin_ws/src
R $ catkin_create_pkg scamper_vision roscpp cv_bridge sensor_msgs
```

パッケージが作成できたら，パッケージのsrcディレクトリに「camera_publisher.cpp」「camera_viewer.cpp」の2ファイルを作成します．

```
R $ touch ~/catkin_ws/src/scamper_vision/src/camera_publisher.cpp
R $ touch ~/catkin_ws/src/scamper_vision/src/camera_viewer.cpp
```

■ ソースコードの編集（camera_publisher.cpp）

ステレオカメラのうち片方から画像を取得してPublishする，camera_publisherノードを作成

します．camera_publisherノードに持たせる機能はシンプルに，以下の2点のみとします．

- カメラから画像を取得する
- 取得した画像をPublishする

camera_publisher.cpp

```cpp
#include <ros/ros.h>
#include <sensor_msgs/Image.h>
#include <cv_bridge/cv_bridge.h>
#include <opencv2/opencv.hpp>

int main(int argc, char **argv)
{
  /*** ROSの初期化 ***/
  ros::init(argc, argv, "stereo_publisher");
  ros::NodeHandle nh;
  /*** Parameterの読み込み ***/
  std::string camera_path;
  nh.param("camera_path", camera_path, std::string("/dev/video0"));
  /*** カメラの初期化 ***/
  cv::VideoCapture camera(camera_path, cv::CAP_V4L2);
  /*** カメラの初期化に失敗したらノード終了 ***/
  if(!camera.isOpened()){
    ROS_ERROR("Failed to initialize camera");
    return -1;
  }
  /*** Publisherの登録 ***/
  ros::Publisher pub_img = nh.advertise<sensor_msgs::Image>("image", 10);
  /*** ループ周期の設定 ***/
  ros::Rate loop_rate(30);
  /*** 画像用変数の定義 ***/
  cv_bridge::CvImage img;
  img.encoding = "bgr8";
  /*** カメラ画像を取得してPublish ***/
  while(ros::ok()){
    camera >> img.image;
    img.header.stamp = ros::Time::now();
    pub_img.publish(img.toImageMsg());
    loop_rate.sleep();
  }
  return 0;
}
```

はじめに説明したように，ROSで画像をTopicとして扱う際にはsensor_msgs::Image型を用います．OpenCVで画像を扱う際に使用するMat型から直接Image型に変換するのは手間がかかりますので，ROSではMat型をラッパーしたcv_bridge::CvImage型を使うのが一般的です．CvImage型にはラッパー型の他に，型変換のための関数などが実装されています．

第11章 ROSでカメラを利用してみる

- cv::VideoCapture

  OpenCVでカメラデバイスを制御する際に使用するクラスです．画像を取得する以外にも解像度の変更や露光時間の変換などを行うことができます．コンストラクタには，第1引数にカメラデバイスへのパスを，第2引数にデバイスを開く際のAPIを指定します．Scamperのステレオカメラの場合，V4L準拠のデバイスですので，cv::CAP_V4L2を指定します．

- cv::VideoCapture::isOpen

  カメラデバイスが初期化されているかどうかを判断する関数です．初期化されている場合true，されていない場合falseを返します．

- cv_bridge::CvImage

  cv::Matをラッパーしたクラスです．先に説明したようにcv::Matからsensor_msgs::Image（正確にはsensor_msgs::ImagePtr）に変換するための関数などが実装されています．ROSでOpenCVを用いた画像処理を行う場合，cv::Matではなくcv_bridge::CvImageを使うようにしましょう．CvImageにはMat型のimageメンバが用意されており，OpenCV側に直接渡すことが可能です．

- cv::VideoCapture::operator>>

  \>\>オペレータのオーバーライドです．サンプルプログラムにあるように>>オペレータで画像の取得を行うことができます．サンプルプログラムではCvImage型の中のimageメンバ（Mat型）にステレオカメラから取得した画像を渡しています．

- cv_bridge::CvImage::toImageMsg

  cv_bridge::CvImageをsensor_msgs::Imageに変換する関数です．画像自体のデータだけではなく，エンコーディング，画像サイズ，タイムスタンプなどの情報もImage型に渡されます．

◼ ソースコードの編集（camera_viewer.cpp）

カメラの画像を表示するノード「camera_viewer」を編集します．camera_viewerノードの機能は以下の通りで，camera_publisher同様シンプルなノードです．

- カメラ画像をSubscribeする
- Subscribeした画像を表示する

camera_viewer.cpp

```
#include <ros/ros.h>
#include <sensor_msgs/Image.h>
#include <cv_bridge/cv_bridge.h>
#include <opencv2/opencv.hpp>

using namespace sensor_msgs;
using namespace cv_bridge;

/*** 画像を受信すると呼ばれるコールバック関数 ***/
void onImgSubscribed(const Image &img)
{
    /*** 受信した画像を変換 ***/
```

```cpp
  CvImagePtr cv_img = toCvCopy(img, img.encoding);
  /*** 画像の表示 ***/
  cv::imshow("Image", cv_img->image);
  cv::waitKey(10);
}

int main(int argc, char **argv)
{
  /*** ROSノードの初期化 ***/
  ros::init(argc, argv, "camera_viewer");
  ros::NodeHandle nh;
  /*** Subscriberの登録 ***/
  ros::Subscriber sub_img = nh.subscribe("image", 10, onImgSubscribed);
  /*** コールバックの待機 ***/
  ros::spin();
  return 0;
}
```

　画像を表示する側のノードはいたってシンプルです．main関数ではノードの初期化とSubscriberの登録処理のみを行っており，画像をSubscribeしたときに呼ばれるコールバック関数内ではsensor_msgs::Image から cv_bridge::CvImagePtrへ変換したデータの表示処理のみを行っています．

- cv_bridge::toCvCopy

　sensor_msgs::Imageから cv_bridge::CvImagePtrへ変換を行うための関数です．第1引数にsensor_msgs::Image型の画像データを，第2引数にエンコーディングを指定します．戻り値としてcv_bridge::CvImagePtr型のオブジェクトを返します．

◼ CMakeLists.txtの編集

各ノードが生成されるようにCMakeLists.txtを編集します．

CMakeLists.txt

```cmake
cmake_minimum_required(VERSION 2.8.3)
project(scamper_vision)
set(CMAKE_CXX_FLAGS "-std=c++11 ${CMAKE_CXX_FLAGS}")

find_package(catkin REQUIRED COMPONENTS
  cv_bridge
  roscpp
  sensor_msgs
)

find_package(OpenCV 3 REQUIRED COMPONENTS
  opencv_core
  opencv_highgui
  opencv_videoio
)
```

第11章 ROSでカメラを利用してみる

```
catkin_package()

include_directories(
  ${catkin_INCLUDE_DIRS}
  ${OpenCV_INCLUDE_DIRS}
)

set(TARGET "camera_publisher")
add_executable(${TARGET} src/${TARGET}.cpp)
target_link_libraries(${TARGET} ${catkin_LIBRARIES} ${OpenCV_LIBRARIES})

set(TARGET "camera_viewer")
add_executable(${TARGET} src/${TARGET}.cpp)
target_link_libraries(${TARGET} ${catkin_LIBRARIES} ${OpenCV_LIBRARIES})
```

■ パッケージのビルド & ノードの実行

パッケージのビルドとノードの実行を行います．ノード実行前に，Scamperに搭載されているRaspberry Piにステレオカメラが接続されていることを確認します（**図5**）．

【ビルド】
```
R $ cd ~/catkin_ws
R $ catkin_make -DCATKIN_WHITELIST_PACKAGES="scamper_vision"
```

【実行】
```
R $ rosrun scamper_vision camera_publisher
```
```
R $ rosrun scamper_vision camera_viewer
```

図5 ステレオカメラが接続されているか確認

図6 ノードの実行画面

正常にカメラから画像が取得できると，**図6**のように「Image」ウィンドウに画像が表示されます．ですが，ロボットを動かしてみると，非常に処理が重く，描画が遅いです．タスクバーに表示される負荷インジケータから確認できますが，Raspberry Piにとって非常に大きな負荷になっています（**図7**）．

図7 負荷インジゲータ

OpenCVのimshowを用いた画像の表示処理自体も高負荷ですが，実はそれ以外にも理由があります．その理由については次節で説明します．

11.3 ROSにおけるzero copy通信

前節のプログラムは，Topic通信で画像データをPublish/Subscribeするだけのものでしたが，処理が非常に重くなってしまいました．なぜなのでしょうか？

Topic通信は複数のノード（プロセス）をまたいで行われますが，プロセス間ではメモリ空間を共有できないため，通信時にデータをコピーする必要があります．データのサイズが小さいものなら考慮の必要はありませんが，画像データはサイズが大きいためオーバーヘッドも大きく，処理も重くなってしまうのです．

1つのノード内ですべての処理（カメラの画像取得〜画像処理）を行えば，データのコピーは発生しませんので，処理を軽くすることができます．しかし，単純に複数のノードを1ノードにまとめてしまうのでは，「機能ごとにモジュールを分けられる」というROSのメリットが失われてしまいます．

機能ごとのモジュールであることを保ちつつ，複数の機能を1ノード内で動作させることができると便利なのですが，難しいのでしょうか．実は，「nodelet」という機能を使えば簡単に解決できます．ただし，各機能を「ノード」として起動するのではなく，「スレッド」として起動します．「nodelet manager」という基盤となるノードを起動し，各機能を持つクラスをスレッドとして読み込んでいく形です（**図8**）．1ノード内であればメモリを使えるため，不要なデータコピーを作ることなく，通信することができます（zero copy通信）．

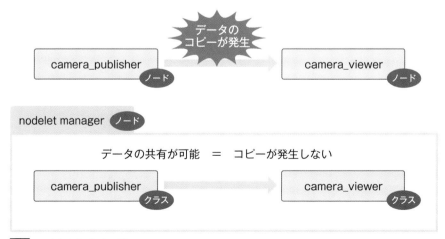

図8 nodeletのイメージ

nodelet managerで読み込むモジュールは，Nodeletクラスを継承したクラスでなければなりません．これまで作ってきたノードとは大きく異なりますので注意しましょう．また，nodelet managerに読み込むクラスのソースコードは，かなりC++ライクな書き方になりますので，C++にまったく触れたことがない方にとっては少し難しいかもしれません．よい機会と思ってC++も使えるように勉強してみてはいかがでしょうか．

nodeletを使いこなせるようになると，画像や3D-LiDARの点群データなど，容量の大きなデータをROSで扱う際に非常に役立ちます．次章以降，画像をPublish/Subscribeする場合はすべてnodeletを利用します．ここで扱う内容をよく理解しておいてください．

◼ Nodeletクラスの作成

これまで使ってきたノードではなく，Nodeletクラスを作成し，前回作成したcamera_publisher, camera_viewerと同等の機能を持つようにします．パッケージのsrcディレクトリにソースファイル「camera_publisher_nl.cpp」「camera_viewer_nl.cpp」を作ります．

```
R $ touch ~/catkin_ws/src/scamper_vision/src/camera_publisher_nl.cpp
R $ touch ~/catkin_ws/src/scamper_vision/src/camera_viewer_nl.cpp
```

◼ ソースコードの編集（camera_publisher_nl.cpp）

Publish側ノードの機能を持つNodeletクラスになるよう，ソースコードを編集します．

camera_publisher_nl.cpp

```cpp
#include <ros/ros.h>
#include <sensor_msgs/Image.h>
#include <cv_bridge/cv_bridge.h>
#include <nodelet/nodelet.h>
#include <pluginlib/class_list_macros.h>
#include <opencv2/opencv.hpp>

/*** Nodeletクラスの場合必ず名前空間をつける ***/
namespace scamper_vision
{
/*** Nodeletクラスを継承したクラスを作成 ***/
class CameraPublisherNl : public nodelet::Nodelet
{
public:
  CameraPublisherNl();
  ~CameraPublisherNl();
  virtual void onInit();
private:
  void onTimerElapsed(const ros::TimerEvent &e);
  ros::NodeHandle nh_;
  ros::Timer timer_;
  ros::Publisher pub_img_;
  cv::VideoCapture camera_;
  cv_bridge::CvImage img_;
};
```

```cpp
CameraPublisherNl::CameraPublisherNl()
{

}

CameraPublisherNl::~CameraPublisherNl()
{

}
/*** モジュール(ノード)の初期化を行う関数 ***/
void CameraPublisherNl::onInit()
{
  /*** ノードハンドラの初期化 ***/
  nh_ = this->getNodeHandle();
  /*** Parameterの読み込み ***/
  std::string camera_path;
  nh_.param("camera_path", camera_path, std::string("/dev/video0"));
  /*** カメラの初期化 ***/
  camera_.open(camera_path, cv::CAP_V4L2);
  /*** カメラの初期化に失敗したらノード終了 ***/
  if(!camera_.isOpened()){
    ROS_ERROR("Failed to initialize camera");
    ros::shutdown();
  }
  /*** Publisherの登録 ***/
  pub_img_ = nh_.advertise<sensor_msgs::Image>("image", 10);
  /*** 33msec(≒30fps)ごとにTimer割り込み ***/
  timer_ = nh_.createTimer(ros::Duration(0.033), &CameraPublisherNl::onTimerElapsed, this);
}

/*** Timer割り込み発生時に呼び出される関数 ***/
void CameraPublisherNl::onTimerElapsed(const ros::TimerEvent &e)
{
  camera_ >> img_.image;
  img_.encoding = "bgr8";
  img_.header.stamp = ros::Time::now();
  pub_img_.publish(img_.toImageMsg());
}


}
PLUGINLIB_EXPORT_CLASS(scamper_vision::CameraPublisherNl, nodelet::Nodelet)
```

Nodeletクラスを作成する際の注意点は以下の4点です．

- 名前空間(namespace)内に実装する
- nodelet::Nodeletクラスのサブクラスとして実装する
- onInit関数を実装する
- PLUGINLIB_EXPORT_CLASSマクロでモジュールをエクスポートする

前回までとは打って変わって，突然C++ライクなソースコードになりました．驚いたかもし

れませんが，一つひとつコードを追ってみると，処理内容自体はcamera_publisherノードと大きく変わらないことがわかります．onInit関数でノードの初期化（Publisher/Subscriberの登録），onTimerElapsed関数でメインとなる処理（カメラ画像の取得とPublish）を行っています．今までmain関数の中でwhileループに入る前に行っていた処理をonInit関数で，whileループ内で行っていた処理をonTimerElapsed関数で行っていると考えるとわかりやすいです．

- nodelet::Nodelet::onInit

クラスのコンストラクタの後に自動的に呼ばれる関数で，初期化処理やPublisher/Subscriberの登録処理を記述します．Nodeletクラスを継承したサブクラス（今回のサンプルプログラムではCameraPublisherNlクラス）には必ず実装する必要があります．なお，onInit関数内にwhileなどによる無限ループを記述するのはNGです．メインとなる処理は新たにスレッドを立てるか，今回のようにros::Timerを用いて一定時間ごとにタイマーイベントとして呼び出す必要があります．

- nodelet::Nodelet::getNodeHandle

ノードハンドラの初期化を行う関数です．

- ros::NodeHandle::createTimer

一定周期でタイマーイベントを発生させる関数です．第1引数にros::Duration型のタイマーイベントの発生周期〔秒〕，第2引数にメンバ関数ポインタ，第3引数に自オブジェクトのポインタを指定します．C言語の関数を指定するときと少し作法が異なりますので気をつけてください．

- PLUGINLIB_EXPORT_CLASS

プラグインとしてエクスポートするクラスを指定するためのマクロです．名前空間の外側に記述してください．第1引数にエクスポートしたいクラス名，第2引数に継承元のクラス名を入力します．

■ ソースコードの編集（camera_viewer_nl.cpp）

Subscribe側ノードの機能を持つNodeletクラスを作成します．カメラ画像を受信して表示する処理を行います．

camera_viewer_nl.cpp

```
#include <ros/ros.h>
#include <sensor_msgs/Image.h>
#include <cv_bridge/cv_bridge.h>
#include <nodelet/nodelet.h>
#include <pluginlib/class_list_macros.h>
#include <opencv2/opencv.hpp>

using namespace sensor_msgs;
using namespace cv_bridge;

namespace scamper_vision
{
```

11.3 ROS における zero copy 通信

```cpp
class CameraViewerNl : public nodelet::Nodelet
{
public:
  CameraViewerNl();
  ~CameraViewerNl();
  virtual void onInit();
private:
  void onImgSubscribed(const ImageConstPtr &img);
  ros::NodeHandle nh_;
  ros::Subscriber sub_img_;
};

CameraViewerNl::CameraViewerNl()
{

}

CameraViewerNl::~CameraViewerNl()
{

}

/*** モジュールが読み込まれると自動的に呼び出される関数 ***/
void CameraViewerNl::onInit()
{
  /*** ノードハンドラの初期化 ***/
  nh_ = this->getNodeHandle();
  /*** Subscriberの初期化 ***/
  sub_img_ = nh_.subscribe("image", 10, &CameraViewerNl::onImgSubscribed, this);
}

/*** 画像を受信すると呼ばれるコールバック関数 ***/
void CameraViewerNl::onImgSubscribed(const ImageConstPtr &img)
{
  /*** 受信した画像を変換 ***/
  CvImageConstPtr cv_img = toCvShare(img, img->encoding);
  if(cv_img->image.empty()) return;
  /*** 画像の表示 ***/
  cv::imshow("Image", cv_img->image);
  cv::waitKey(10);
}

}

PLUGINLIB_EXPORT_CLASS(scamper_vision::CameraViewerNl, nodelet::Nodelet)
```

nodeletの場合，SubscriberやServiceなどコールバックの待機はnodelet managerで行っていますので，それぞれのモジュールでros::spin関数などを呼び出す必要はありません．

Publish側と同様に，onInit関数内でノードハンドラやSubscriberの初期化を行っています．コールバック関数の処理内容は，camera_subscriberノードとほとんど変わりません．

- cv_bridge::toCvShare

sensor_msgs::ImageConstPtr型をcv_bridge::CvImageConstPtr型に変換するために使用します．toCvCopyではコピーが発生していましたが，toCvShareではコピーが発生しませんので，高速な変換が可能です．ただし，戻り値で渡されるCvImageConstPtr型の画像データに変更を加えることはできません．

◼ CMakeLists.txtの編集

scamper_visionパッケージのCMakeLists.txtを編集して，nodelet masterで読み込む各クラスを生成します．

CMakeLists.txt

```
### 省略 ###
find_package(catkin REQUIRED COMPONENTS
  cv_bridge
  roscpp
  sensor_msgs
  nodelet
)
### 省略 ###
set(TARGET "scamper_vision")
add_library(${TARGET}
  src/camera_publisher_nl.cpp
  src/camera_viewer_nl.cpp
)
target_link_libraries(${TARGET} ${catkin_LIBRARIES} ${opencv_LIBRARIES})
```

依存パッケージにnodeletを追加しています．また，nodeletでは実行ファイルではなくクラスライブラリを生成しますので，add_executableではなくadd_libraryにソースファイルのパスを記述し，ライブラリファイル（*.so）が生成されるようにしています．上記のように設定することで，2つのクラスモジュール「CameraPublisherNl」「CameraViewerNl」が含まれる形でlibscamper_vision.soが生成されます．

◼ package.xmlの編集

第5章では，package.xmlを「パッケージのバージョンやライセンス，依存ライブラリを記述するもの」と説明しましたが，nodeletを使う場合には，プラグイン定義ファイルの場所も記述する必要があります．今回は以下の2箇所を編集します．

- 依存ライブラリにnodeletを追加する
- プラグイン定義ファイルの場所を指定する

package.xml

```
### 省略 ###
```

```
    <buildtool_depend>catkin</buildtool_depend>
    <build_depend>cv_bridge</build_depend>
    <build_depend>roscpp</build_depend>
    <build_depend>sensor_msgs</build_depend>
    <build_depend>nodelet</build_depend>
    <build_export_depend>cv_bridge</build_export_depend>
    <build_export_depend>roscpp</build_export_depend>
    <build_export_depend>sensor_msgs</build_export_depend>
    <build_export_depend>nodelet</build_export_depend>
    <exec_depend>cv_bridge</exec_depend>
    <exec_depend>roscpp</exec_depend>
    <exec_depend>sensor_msgs</exec_depend>
    <exec_depend>nodelet</exec_depend>

    <export>
      <nodelet plugin="${prefix}/scamper_vision.xml" />
    </export>
### 省略 ###
```

<build_depend><build_export_depend><exec_depend>の各タグの内容として，それぞれ「nodelet」を追加します．さらに，<export>タグの子要素として<nodelet>タグを加え，nodeletタグのplugin属性値にプラグイン定義ファイルの場所を指定します．${prefix}はパッケージディレクトリを指しています．プラグイン定義ファイル「scamper_vision.xml」はこの後に作成しますので，先にpackage.xmlの設定を行っています．

■ プラグイン定義ファイルの作成

package.xmlファイルに記述したプラグイン定義ファイルを作成し，内容の編集を行います．

```
R $ touch ~/catkin_ws/src/scamper_vision/scamper_vision.xml
```

scamper_vision.xml

```xml
<library path="lib/libscamper_vision">
  <class name="scamper_vision/CameraPublisherNl" type="scamper_vision::CameraPublisherNl"
        base_class_type="nodelet::Nodelet">
    <description>
      This module is camera publisher
    </description>
  </class>

  <class name="scamper_vision/CameraViewerNl" type="scamper_vision::CameraViewerNl"
        base_class_type="nodelet::Nodelet">
    <description>
      This module is image viewer
    </description>
  </class>
</library>
```

※ レイアウトの都合上改行していますが，実際は1行で入力します．

- <library>

path属性に読み込むライブラリファイルのパスを指定します．ここでは ~/catkin_ws/devel からの相対パスで指定しています．

- <class>

ライブラリファイルに含まれるクラスを指定します．name属性に「名前空間/クラス名」を，type属性に「名前空間::クラス名」を，base_class_typeに継承元のクラスである「nodelet::Nodelet」を記述します．

- <description>

クラスの説明文を記述します．

libscamper_vision.so ファイルには2つのクラス「CameraPublisherNl」「CameraViewerNl」が含まれていますので，クラスごとの<class>タグを<library>タグの要素として記述します．

■ パッケージのビルド & ノードの実行

nodeletは容量の大きいファイルを扱ううえで非常に便利ですが，必要な記述が多く手間がかかります．メリットが大きいため「すべてのノードをnodeletで（Nodelet Everything）」という人もいますが，筆者は記述の手間を考慮し，Topicのデータ量が少ない場合は通常のノードを使用し，カメラ画像や3D-LiDARのデータをやりとりする場合のみnodeletを使用しています．

【ビルド】

```
R $ cd ~/catkin_ws
R $ catkin_make -DCATKIN_WHITELIST_PACKAGES="scamper_vision"
```

ビルドが問題なく通ったら，Nodeletクラスをnodelet managerノードに読み込ませ，ノードを実行します．nodeletはノードの起動方法も特殊ですので，注意が必要です．

【実行】

```
R $ rosrun nodelet nodelet load scamper_vision/CameraPublisherNl manager
R $ rosrun nodelet nodelet load scamper_vision/CameraViewerNl manager
R $ rosrun nodelet nodelet manager
```

rosrunコマンドを使って，nodeletノードにモジュールを読み込ませるようにコマンドライン引数を渡します．モジュールを読み込ませるコマンドの書式は以下のとおりです．

```
rosrun nodelet nodelet load パッケージ名/クラス名 manager
```

nodeletノードにloadというコマンドライン引数を付け，その後に呼び出したいモジュールの［パッケージ名］+ / +［クラス名］を指定します．最後にある「manager」はnodelet managerノードの実行名です（rosnode listコマンドを実行すると「/manager」というノードが起動していることが確認できます）．nodeletノードの実行名を変更したい場合は，nodeletを実行する際に，末尾に「__name:=［変更したい実行名］」を付けます．

図9 nodeletの実行画面

実行後は通常のノードと同じように扱うことが可能です．タスクバーの負荷インジゲータから，nodeとして実行していたときより負荷が低くなっていることが確認できます．また，映像の遅延は，nodeletを使っていないときと比べるとだいぶ目立たなくなります．

図10 nodelet実行時の負荷インジゲータ

nodeletを使うことで負荷を減らせましたが，それでもまだ60%弱と，高い負荷がかかっています．この理由として，次のものが考えられます．

1 cv::imshowによる描画処理の負荷が高い
2 cv::VideoCaptureクラスでのカメラ画像取得処理の負荷が高い
3 Publishの際にMat → Imageの型変換でコピーが発生している

1番目はどうしようもない問題です．しかしimshowで画像を表示させるのはデバッグを行うときがメインなので，実際にロボットを動かす際には画像の表示を一時的に表示させないようにして回避することができます．Raspberry Piのような限られたスペックでロボットを動かす場合は，このような細かい注意が必要になります．

2番目と3番目の問題についてはOpenCVを使ってカメラ画像の取得を行おうとすると避けられない問題です．カメラがV4L（Video4Linux）に対応している場合，V4LのAPIを直接実行してカメラ画像を取得するのが最も効率的です．Scamper（カメラモデル）に付属するros_scamper_eyesパッケージはV4Lライブラリを使って画像を取得しているため，高速での処理が可能です．

第3部 ROSプログラミング応用編

第12章

単眼カメラを用いた色検出

　物体を判別するための情報として，色情報は非常に有効です．屋外では太陽光などの影響で色情報が安定せず利用が難しいケースもありますが，照明条件の変わらない屋内や，屋外でも自発光している物体については，色情報を用いた物体検出は有効な手段です．

　筆者は自律走行ロボットの開発・研究に携わっていますが，屋外を走行する場合，横断歩道を渡ることがあります．横断歩道の走行には歩行者用信号機の色情報を認識する必要があり，単眼カメラの色情報をベースに信号を認識しています．信号灯は自発光しているため，屋外でも安定して色情報を取得できます．

図1 色情報を用いた歩行者用信号検出の様子

　本章では，特定の色の物体を検出し，Scamperがその物体のほうを向くようにするROSノードの作成を行います．カメラは市販のUSBカメラ（単眼）で代用可能です．色情報を用いた物体検出は，工夫次第で実環境でも十分利用できる技術です．本章で紹介する内容を実際のロボットに応用できるよう，しっかりマスターしてください．

12.1　画像処理における色空間について

　色情報を用いた物体検出処理に入る前に，画像処理を行う際に利用する色の表現方法について

RGB表色系

（赤，緑，青）の光の3原色の強弱で色を表すもので，画像データを扱うにおいて一般的な方法です．1つの画素にR (Red)，G (Green)，B (Blue) という3つの色の強弱が数値として含まれています．一般的な画像処理で扱う形式ではそれぞれの色を8bitとして扱うため，色の強弱の範囲は0～255になります．

RGB表色系の画像をそれぞれの要素（R，G，B）に分解した例を**図2**に示します．向かって左から赤，黄，緑，青，白のカラーボールが並んでいます．（R，G，B）の成分ごとに分解した画像を見ると，白に近いほどその成分が強く，黒に近いほど弱いことがわかります．例えば，左から2番目の黄色のボールでは，R成分とG成分の分解画像では白っぽく見え，B成分の分解画像ではグレーに見えます．

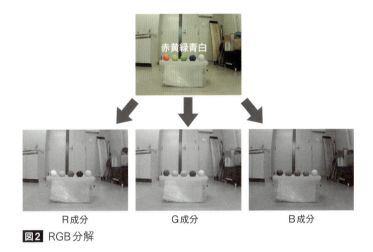

図2 RGB分解

RGB表色系は非常にオーソドックスな色の表現方法で，広く使われていますが，画像処理に使ううえでは以下の弱点があります．

- 色を数値的に表現しづらい
- 明るさの変化に弱い

「色を数値的に表現しづらい」というのは，決してRGB表色系で表現することが不可能というわけではなく，人間が感覚的に表現している色（赤色，黄色，橙色など）を数値で表すことが難しいという意味です．例えば，「橙色は（R，G，B）の3色がどのような範囲にある場合か」と聞かれて，即答できる人はほとんどいないでしょう．

また，（R，G，B）の生データを使っているため，照明条件によって各成分の大きさが変わってしまうことが多く，明るさが変化しやすいところでは扱いが難しいです．

第12章 単眼カメラを用いた色検出

◾ HSV表色系

　RGB表色系の弱点を補い，画像処理で色を扱ううえで定番となっているのが「HSV表色系」です．H，S，Vはそれぞれ以下を表します．

　H：Hue（色相）
　S：Saturation（彩度）
　V：Value（明度）

　画像処理を扱ったことのない方には馴染みのない表色系ですが，Windows OSに付属するペイントツール（MS Paint）を使ったことがある方は，色の選択で**図3**のような画面を見たことがあるかもしれません．ペイントツールなどでは色をHSV表色系で表すことがよくあります．図3中の色合い＝Hue，鮮やかさ＝Saturation，明るさ＝Valueに対応しています．

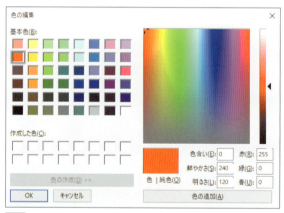

図3 MS Paintのカラーピッカー

　HSV表色系は，大まかな色をHue（色相）だけで決定することができるので，色を扱ううえで非常に便利です．参考までに，HueとValue，HueとSaturationの関係は**図4**のようになっています．色はHueの値で決まります．また，Value値が低いと暗くなり，Saturation値が低いと色味が失われていきます．

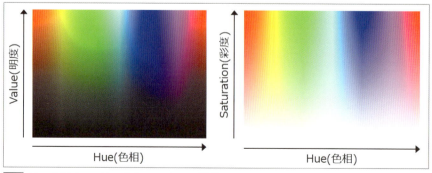

図4 HueとValue，HueとSaturationの関係

カラー画像をH，S，Vの成分ごとに分解した例を，**図5**に示します．カラー画像はRGB表色系で使用したものと同じで，カラーボールが向かって左から赤，黄，緑，青，白の順で並んでいます．白に近いほど成分の値が高く，黒に近いほど低くなります．まずH成分を見てみると，低いほうから赤，黄，緑，青の順になります．S成分は，はっきりしている色ほど高い値になります．また，一番右の白いボールのように，白や黒などのグレースケール色はS成分の値が低くなります．なお，計算式は後ほど示しますが，Saturation値が0の画素のHue値は計算することができません．OpenCVでは，このような画素のHue値は255として定義されます．例えば，図5の右側に写っている黒いコンテナの一部分が，H成分の分解画像では真っ白（画素値が255）になっています．

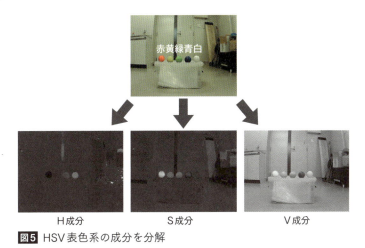

図5 HSV表色系の成分を分解

以下の式を使ってRGB表色系からHSV表色系への変換を行います．H，S，Vの各要素が8bit（0～255）に収まるような式となっています．なお，Hue値の範囲は0～360を取るのが一般的ですが，8bitに収まらなくなりますので，プログラムで扱いやすいように0～180としています．

$$V = MAX$$
$$S = MAX - MIN$$
$$H = \begin{cases} 30 \times \dfrac{G-R}{MAX-MIN} + 30, & if\ MIN = B \\ 30 \times \dfrac{B-G}{MAX-MIN} + 90, & if\ MIN = R \\ 30 \times \dfrac{R-B}{MAX-MIN} + 150, & if\ MIN = G \end{cases}$$

※ MAX：RGBの最大値，MIN：RGBの最小値

12.2 特定色抽出プログラムの作成

HSV表色系を用いて特定の色を抽出するプログラムを作成します．**図6**に示す緑色のカラーボールを画像から抽出するプログラムです．抽出する色は鮮やかなほうがより簡単にできます．黒や白などグレースケール色の抽出はHSV表色系には向きません．

第12章 単眼カメラを用いた色検出

図6 検出対象のカラーボール

■ ソースコードの編集（extract_color.cpp）

本章で作成するノードは，すべて11.2節で作成したscamper_visionパッケージに含まれるものとして作成しますので，新しいパッケージは作成しません．パッケージ内のsrcディレクトリに「extract_color.cpp」というファイルを作成し，以下の機能を持つように編集します．

- HueとSaturationとValueにしきい値を設定して色を抽出する
- トラックバーを使ってしきい値を変更可能にする（図7）
- 抽出した結果画像を表示する

```
R $ touch ~/catkin_ws/src/scamper_vision/src/extract_color.cpp
```

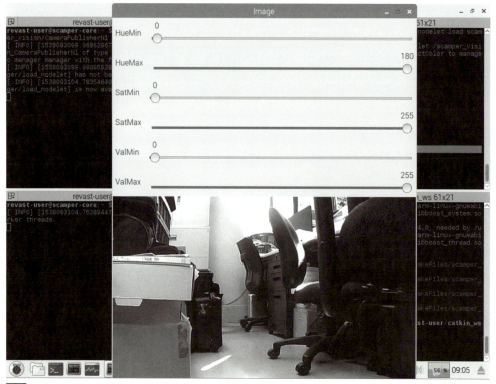

図7 トラックバーでのしきい値変更

extract_color.cpp

```cpp
#include <ros/ros.h>
#include <sensor_msgs/Image.h>
#include <cv_bridge/cv_bridge.h>
#include <nodelet/nodelet.h>
#include <pluginlib/class_list_macros.h>
#include <opencv2/opencv.hpp>

using namespace sensor_msgs;
using namespace cv_bridge;

namespace scamper_vision
{

class ExtractColor : public nodelet::Nodelet
{
public:
  ExtractColor();
  ~ExtractColor();
  virtual void onInit();
private:
  void extract(const cv::Mat &src, cv::Mat &dst);
  void onImgSubscribed(const ImageConstPtr &img);
  ros::NodeHandle nh_;
  ros::Subscriber sub_img_;
  int hue_min_, hue_max_, sat_min_, sat_max_, val_min_, val_max_;
  bool is_bin_;
};

ExtractColor::ExtractColor()
 : hue_min_(0), hue_max_(180), sat_min_(0), sat_max_(255),
   val_min_(0), val_max_(255), is_bin_(false)
{

}

ExtractColor::~ExtractColor()
{

}

/*** モジュールが読み込まれると自動的に呼び出される関数 ***/
void ExtractColor::onInit()
{
  /*** ノードハンドラの初期化 ***/
  nh_ = this->getNodeHandle();
  /*** Subscriberの初期化 ***/
  sub_img_ = nh_.subscribe("image", 10, &ExtractColor::onImgSubscribed, this);
  /*** 画像描画ウィンドウの作成 ***/
  cv::namedWindow("Image");
  /*** 描画ウィンドウにトラックバーを追加 ***/
  cv::createTrackbar("HueMin", "Image", &hue_min_, 180);
  cv::createTrackbar("HueMax", "Image", &hue_max_, 180);
  cv::createTrackbar("SatMin", "Image", &sat_min_, 255);
```

```cpp
    cv::createTrackbar("SatMax", "Image", &sat_max_, 255);
    cv::createTrackbar("ValMin", "Image", &val_min_, 255);
    cv::createTrackbar("ValMax", "Image", &val_max_, 255);
}

/*** 入力画像から特定の色を抽出 ***/
void ExtractColor::extract(const cv::Mat &src, cv::Mat &dst)
{
    /*** 入力画像をHSV表色系に変換 ***/
    cv::Mat hsv;
    cv::cvtColor(src, hsv, CV_BGR2HSV);
    /*** 出力画像の初期化 ***/
    dst = src.clone();
    /*** 特定色の抽出 ***/
    for(int y = 0; y < hsv.rows; y++){
        for(int x = 0; x < hsv.cols; x++){
            cv::Vec3b data = hsv.at<cv::Vec3b>(y, x);
            if(data[0] < hue_min_ || data[0] > hue_max_
               || data[1] < sat_min_ || data[1] > sat_max_
               || data[2] < val_min_ || data[2] > val_max_){
                dst.at<cv::Vec3b>(y, x) = cv::Vec3b(0, 0, 0);
            } else if(is_bin_){
                dst.at<cv::Vec3b>(y, x) = cv::Vec3b(255, 255, 255);
            }
        }
    }
}

/*** 画像を受信すると呼ばれるコールバック関数 ***/
void ExtractColor::onImgSubscribed(const ImageConstPtr &img)
{
    /*** 受信した画像を変換 ***/
    CvImageConstPtr cv_img = toCvShare(img, img->encoding);
    if(cv_img->image.empty()) return;
    /*** 特定色の抽出 ***/
    cv::Mat dst;
    extract(cv_img->image, dst);
    /*** 画像の表示 ***/
    cv::imshow("Image", dst);
    if(cv::waitKey(10) == 'b') is_bin_ = !is_bin_;
}

}

PLUGINLIB_EXPORT_CLASS(scamper_vision::ExtractColor, nodelet::Nodelet)
```

今回は「ExtractColor」という特定色を抽出するnodeletモジュールを作成しています．前章で作成したCameraViewerNlモジュールとの違いは，onInit関数内で描画ウィンドウとトラックバー（Hue，Saturation，Valueのしきい値を決める）を作成している点，コールバック関数内でextract関数を呼び出し，特定色の抽出を行った結果を表示している点の2点です．

- cv::namedWindow

　OpenCVの画像形式Matを描画するためのウィンドウを作成します．画像を描画するのみのウィンドウならばimshow関数で作成できますが，ウィンドウにトラックバーをつけたりコールバックイベントを発生させたりとオプションを追加したい場合は，namedWindow関数で先にウィンドウを作成しておく必要があります．関数の第1引数には，ウィンドウ名をstd::string型で指定します．

- cv::createTrackbar

　描画ウィンドウにトラックバーを追加する関数です．namedWindow関数でウィンドウを初期化してから呼び出します．第1引数にトラックバーの名前，第2引数にstd::string型で描画ウィンドウの名前，第3引数にint型のポインタでトラックバーの値を代入させる変数，第4引数にトラックバーの最大値を指定します．

- cv::cvtColor

　色空間を変換するための関数です．第1引数に入力画像，第2引数に出力画像を与え，第3引数にint型で変換コードを指定します．変換コードは，RGBからHSVへは「CV_BGR2HSV」，HSVからRGBへは「CV_HSV2BGR」です．この他にもさまざまな変換に対応しており，詳細は公式Webサイトから見ることができます．

　ExtractColorクラスのextract関数では，cvtColor関数により入力画像をRGB表色系からHSV表色系に変換し，トラックバーで指定されたHue, Saturation, Valueの範囲外の画素を黒く塗りつぶす処理をしています．また，is_bin_変数がtrueの場合は，範囲内の画素を白く塗りつぶして二値画像化しています．is_bin_変数は，ウィンドウ上で「b」キーをクリックすることでtrue/falseを切り替えられます．

■ CMakeLists.txtの編集

　作成したExtractColorクラスが，クラスライブラリlibscamper_visionに含まれる状態で生成されるように，以下の形でCMakeLists.txtを編集します．add_libraryのソースファイルのリストに，extract_color.cppを追加しています．

CMakeLists.txt

```
### 省略 ###
set(TARGET "scamper_vision")
add_library(${TARGET}
  src/camera_publisher_nl.cpp
  src/camera_viewer_nl.cpp
  src/extract_color.cpp
)
target_link_libraries(${TARGET} ${catkin_LIBRARIES} ${opencv_LIBRARIES})
```

■ プラグイン定義ファイルの編集

　前章で作成したscamper_visionパッケージのプラグイン定義ファイル「scamper_vision.xml」にExtractColorモジュールの記述を追加します．

scamper_vision.xml

```
<library path="lib/libscamper_vision">
  ### 省略 ###
  <class name="scamper_vision/ExtractColor" type="scamper_vision::ExtractColor"
         base_class_type="nodelet::Nodelet">
    <description>
      This module is color extractor
    </description>
  </class>

</library>
```

※レイアウトの都合上改行していますが，実際は1行で入力します．

■ パッケージのビルド & ノードの実行

　パッケージのビルドを行い，カラーボールが抽出できるか確認してみましょう．ビルドが完了してlibscamper_vision.soファイルが更新されたことが確認できたら，ノードを実行します．

【ビルド】
```
R $ cd ~/catkin_ws
R $ catkin_make -DCATKIN_WHITELIST_PACKAGES="scamper_vision"
```

【実行】
```
R $ rosrun nodelet nodelet load scamper_vision/CameraPublisherNl manager
```
```
R $ rosrun nodelet nodelet load scamper_vision/ExtractColor manager
```
```
R $ rosrun nodelet nodelet manager
```

　起動すると，**図8**のようなウィンドウが現れます．HueMin，HueMax，SatMin，SatMax，ValMin，ValMaxそれぞれの値を調整してカラーボールだけが表示されるようにしてみましょう．ウィンドウ上で「b」キーを押して二値画像にすると，結果を確認しやすくなります．

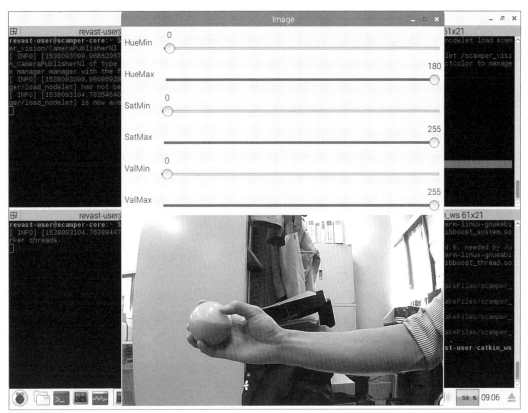

図8 ノードの起動画面

筆者の環境では，以下のようにしきい値を設定することで，ボールだけを抽出できるようになりました．それぞれの環境によってこの値は異なります．トラックバーを動かして最適な値を見つけてみてください．ここで見つけたしきい値は次節のプログラムで使用しますので，ファイルなどにメモしておいてください．

表1 カラーボール（緑）抽出時のHSVのしきい値

HueMin	50
HueMax	65
SatMin	100
SatMax	255
ValMin	50
ValMax	255

カラーボールだけをうまく抽出できると，**図9**のようになります．ボールを持っている手や背景の部分が黒く塗りつぶされて，ボールだけが白く表示されています．

第12章 単眼カメラを用いた色検出

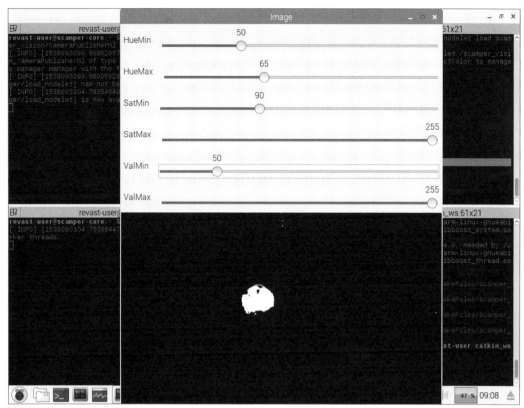

図9 カラーボールだけを抽出した様子（二値画像）

　抽出のコツは，環境光の変化やカメラの露光の変化によって値が大きく変わってしまう可能性があるため，Value値のしきい値の設定をあまり厳しくしないことです．また，今回は行っていませんが，画像処理で色を扱う場合，カメラのオートホワイトバランス機能は無効にすることを推奨します．オートホワイトバランス機能を有効にすると背景によって物体の色味が変わってしまい，Hueの値にばらつきが出るためです．

12.3 特定色追従プログラムの作成

　特定色を検出し，その重心座標からScamperの回転方向の速度を決定して，速度指令をPublishするプログラムを作成します．対象がカメラ画像の左側に写っていればScamperを反時計回り（正方向）に回転させ，逆に対象がカメラ画像の右側に写っていればScamperを時計回り（負方向）に回転させることで，対象がカメラの中心に写るような制御を行います（**図10**）．

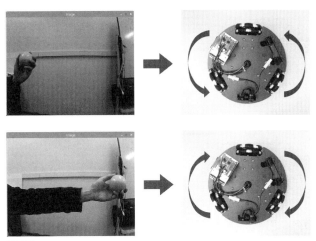

図10 作成するプログラムのイメージ

ソースコードの編集（find_color.cpp）

プログラムの仕様は以下のとおりです．

- 入力画像から特定色を抽出する
- 特定色が含まれる座標の重心位置を求める
- 重心位置からScamperの回転速度を決定し，Publishする

特定色が含まれる座標の重心位置は「ラベリング」という画像処理により求めます．ラベリングは二値画像の白の画素が連結している領域を求める処理です．ここでは図9のように特定色を抽出した二値画像にラベリング処理を行い，面積が最大となる領域の重心位置を求めます．

なお，今回は画像の座標は画像中心が (0, 0) となるように値を設定します．Scamperに搭載されているカメラの解像度は640×480ですので，特定色の重心位置 (x) の取りうる値は−320〜319となります．この値を以下の式に従って，Scamperの回転速度 (v) に変換します．

$$v = \frac{(x - x_{\min}) \times (v_{\min} - v_{\max})}{x_{\max} - x_{\min}} + v_{\max}$$

重心位置が画像の左端にあるときの回転速度を正方向に最大，右端にあるときを負方向に最大になるように線形補間を行っています．本当はPID制御をかけるとよいのですが，調整や式が複雑になるため，本書では単純な線形補間で作成します．美しい制御を求める方は，ぜひPID制御でのカラーボールの追従にチャレンジしてみてください．

では，scamper_visionパッケージ内にソースファイルを作成し，次のとおり編集します．

```
R $ touch ~/catkin_ws/src/scamper_vision/src/find_color.cpp
```

第12章 単眼カメラを用いた色検出

find_color.cpp

```cpp
#include <ros/ros.h>
#include <sensor_msgs/Image.h>
#include <cv_bridge/cv_bridge.h>
#include <geometry_msgs/Twist.h>
#include <nodelet/nodelet.h>
#include <pluginlib/class_list_macros.h>
#include <opencv2/opencv.hpp>

using namespace sensor_msgs;
using namespace geometry_msgs;
using namespace cv_bridge;

namespace scamper_vision
{

class FindColor : public nodelet::Nodelet
{
public:
  FindColor();
  ~FindColor();
  virtual void onInit();
private:
  void extractColor(const cv::Mat &src, cv::Mat &dst);
  void onImgSubscribed(const ImageConstPtr &img);
  ros::NodeHandle nh_;
  ros::Subscriber sub_img_;
  ros::Publisher pub_vel_;
  int hue_min_, hue_max_, sat_min_, sat_max_, val_min_, val_max_;
  int sz_min_, dead_zone_;
  double vel_max_;
};

FindColor::FindColor()
{

}

FindColor::~FindColor()
{

}

/*** モジュールが読み込まれると自動的に呼び出される関数 ***/
void FindColor::onInit()
{
  /*** ノードハンドラの初期化 ***/
  nh_ = this->getNodeHandle();
  /*** Parameterの読み込み ***/
  hue_min_ = nh_.param<int>("hue/min", 50);
  hue_max_ = nh_.param<int>("hue/max", 65);
  sat_min_ = nh_.param<int>("sat/min", 100);
  sat_max_ = nh_.param<int>("sat/max", 255);
  val_min_ = nh_.param<int>("val/min", 50);
  val_max_ = nh_.param<int>("val/max", 255);
```

```cpp
    sz_min_ = nh_.param<int>("size/min", 100);
    dead_zone_ = nh_.param<int>("dead_zone", 50);
    vel_max_ = nh_.param<double>("vel/max", 50.0);
    vel_max_ *=  (M_PI / 180.0);
    /*** Subscriberの初期化 ***/
    sub_img_ = nh_.subscribe("image", 10, &FindColor::onImgSubscribed, this);
    /*** Publisherの初期化 ***/
    pub_vel_ = nh_.advertise<Twist>("/scamper_driver/cmd_robot_vel", 10);
}

void FindColor::extractColor(const cv::Mat &src, cv::Mat &dst)
{
    /*** srcをHSV表色系に変換 ***/
    cv::Mat hsv;
    cv::cvtColor(src, hsv, CV_BGR2HSV);
    /*** 出力画像を0で初期化 ***/
    dst = cv::Mat(src.size(), CV_8UC1, cv::Scalar(0));
    /*** H, S, Vがしきい値内の画素のみ255を代入 ***/
    for(int y = 0; y < hsv.rows; y++){
        const uchar *ptr_hsv = hsv.ptr<uchar>(y);
        uchar *ptr_dst = dst.ptr<uchar>(y);
        for(int x = 0; x < hsv.cols; x++){
            uchar hue = ptr_hsv[3 * x + 0];
            uchar sat = ptr_hsv[3 * x + 1];
            uchar val = ptr_hsv[3 * x + 2];
            if(hue < hue_min_ || hue > hue_max_) continue;
            if(sat < sat_min_ || sat > sat_max_) continue;
            if(val < val_min_ || val > val_max_) continue;
            ptr_dst[x] = 255;
        }
    }
}

/*** 画像を受信すると呼ばれるコールバック関数 ***/
void FindColor::onImgSubscribed(const ImageConstPtr &img)
{
    /*** 受信した画像を変換 ***/
    CvImageConstPtr cv_img = toCvShare(img, img->encoding);
    if(cv_img->image.empty()) return;
    /*** 目標速度の変数を宣言 ***/
    Twist target_vel;
    /*** 画像から特定の色を抽出 ***/
    cv::Mat bin;
    extractColor(cv_img->image, bin);
    /*** ラベリング処理により重心座標を算出 ***/
    cv::Mat label_img, stats, centroids;
    int n = cv::connectedComponentsWithStats(bin, label_img,stats, centroids, 8);
    /*** ラベリング領域が最大のものを選択 ***/
    int sz = 0, gx = 0;
    for(int i = 1; i < n; i++){
        int *stat = stats.ptr<int>(i);
        double *centroid = centroids.ptr<double>(i);
        int tmp_sz = stat[cv::ConnectedComponentsTypes::CC_STAT_AREA];
        if(sz < tmp_sz){
            sz = tmp_sz;
            gx = static_cast<int>(centroid[0]) - cv_img->image.cols / 2;
```

```
    }
  }
  /*** 物体の重心位置(x座標)からロボットの回転速度を決定 ***/
  if(sz > sz_min_ && abs(gx) > dead_zone_){
    int x_min = -cv_img->image.cols / 2, x_max = -x_min;
    double vel_min = -vel_max_, vel_max = vel_max_;
    target_vel.angular.z = (gx - x_min) * (vel_min - vel_max) / (x_max - x_min) + vel_max;
  }
  /*** 計算した速度をPublish ***/
  pub_vel_.publish(target_vel);
}

}

PLUGINLIB_EXPORT_CLASS(scamper_vision::FindColor, nodelet::Nodelet)
```

- hue/min, hue/max

  抽出する特定色のHue成分の最小値および最大値です．

- sat/min, sat/max

  抽出する特定色のSaturation成分の最小値および最大値です．

- val/min, val/max

  抽出する特定色のValue成分の最小値および最大値です．

- size/min

  画像からラベリング処理により抽出した領域の大きさの最小値です．この値より小さい領域はノイズ成分として無視されます．

- dead_zone

  抽出した色領域の重心位置がこの値以下なら，物体がロボットの正面にあると判断し，ロボットを停止させます．

- vel/max

  ロボットに与える回転方向の速度の最大値です．人間が見てわかりやすいようにするため，度毎秒〔deg/s〕でParameterに指定していますが，プログラム上でラジアン毎秒〔rad/s〕に変換しています．

- T* cv::Mat::ptr<T>(int y)

  引数yで指定した行の先頭のポインタを取得する関数です．ロボットの制御にはより高速な処理が求められますので，これまで使ってきたatではなく，より高速に画素にアクセスできるポインタを用いています．

- int cv::connectedComponentsWithStats(const Mat &src, Mat &labels, Mat &stats, Mat &centroids, int connectivity=8, int ltype=CV_32S)

  二値画像を入力し，ラベリング処理を行います．ラベリング処理により二値画像中の連結している領域を求めることができます．領域ごとの大きさや重心位置も求めることが可能です．

■ 引数

src	入力画像（二値画像）
labels	ラベリング結果画像
stats	各ラベルの領域などの情報
centroids	各ラベルの重心座標
connectivity	ラベリング方法の指定（4連結/8連結）
ltype	ラベリング結果画像のフォーマット

FindColorクラスのextractColor関数は，前節のextract関数を応用し，しきい値内の画素を白で塗りつぶす処理を行っています．また，ロボットを制御するため，ポインタを使ってMat型の画素へのアクセスが高速になるようにしています．

コールバック関数onImgSubscribedの処理内容を，**図11**に簡単に示します．

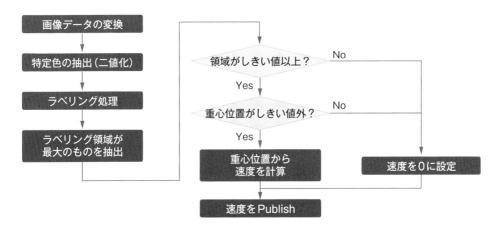

図11 onImgSubscribed関数の処理内容（フローチャート）

◢ CMakeLists.txtの編集

クラスライブラリlibscamper_visionにFindColorクラスが追加されるようにCMakeLists.txtを編集します．

CMakeLists.txt

```
### 省略 ###
find_package(catkin REQUIRED COMPONENTS
  cv_bridge
  roscpp
  geometry_msgs
  sensor_msgs
  nodelet
  message_filters
)
### 省略 ###
set(TARGET "scamper_vision")
add_library(${TARGET}
  src/camera_publisher_nl.cpp
```

```
    src/camera_viewer_nl.cpp
    src/extract_color.cpp
    src/find_color.cpp
)
target_link_libraries(${TARGET} ${catkin_LIBRARIES} ${opencv_LIBRARIES})
```

■ プラグイン定義ファイルの編集

プラグイン定義ファイル（scamper_vision.xml）にFindColorクラスに関する記述を加えます．

scamper_vision.xml

```xml
<library path="lib/libscamper_vision">
  ### 省略 ###
  <class name="scamper_vision/FindColor" type="scamper_vision::FindColor" ⏎
        base_class_type="nodelet::Nodelet">
    <description>
      find color module
    </description>
  </class>

</library>
```

※レイアウトの都合上改行していますが，実際は1行で入力します．

■ launchファイルの作成

Parameterを使用しますので，launchファイルを作成します．scamper_visionパッケージにlaunchディレクトリを，その直下に「find_color.launch」ファイルを作成し，次のように記述します．

```
R $ mkdir ~/catkin_ws/src/scamper_vision/launch
R $ touch ~/catkin_ws/src/scamper_vision/launch/find_color.launch
```

find_color.launch

```xml
<?xml version="1.0"?>
<launch>
  <node pkg="nodelet" type="nodelet" name="camera_publisher" ⏎
        args="load scamper_vision/CameraPublisherNl manager" output="screen" />

  <node pkg="nodelet" type="nodelet" name="find_color" ⏎
        args="load scamper_vision/FindColor manager" output="screen" />

  <node pkg="nodelet" type="nodelet" name="manager" args="manager" output="screen" />

  <param name="hue/min" value="50" type="int" />
  <param name="hue/max" value="65" type="int" />
  <param name="sat/min" value="100" type="int" />
  <param name="sat/max" value="255" type="int" />
  <param name="val/min" value="50" type="int" />
  <param name="val/max" value="255" type="int" />
  <param name="size/min" value="300" type="int" />
```

```
  <param name="dead_zone" value="50" type="int" />
  <param name="vel/max" value="50" type="int" />
</launch>
```

※レイアウトの都合上改行していますが,実際は1行で入力します.

　launchファイルからnodeletを起動する場合,nodeタグのpkg属性とtype属性に「nodelet」を指定し,name属性にノード名,args属性にnodeletノードの実行名「manager(実行名を変更している場合は各自の実行名)」を記述します.

　Parameterは各自の環境に合わせて適宜変更してください.

■ パッケージのビルド & ノードの実行

　パッケージをビルドし,作成したFindColorモジュールの動作確認を行います.回転運動だけですが,Scamperを動作させますので,周囲の安全を確認してから行ってください.特に,電源ケーブルを挿したまま動かさないように気をつけてください.また,画像を確認したい場合は,CameraViewerNlモジュールもnodeletに読み込ませましょう.

【ビルド】
```
R $ cd ~/catkin_ws
R $ catkin_make -DCATKIN_WHITELIST_PACKAGES="scamper_vision"
```

【scamper_runノードの無効化】
```
R $ rostopic pub -1 /scamper_run/is_enable std_msgs/Bool "data: false"
```

【実行】
```
R $ roslaunch scamper_vision find_color.launch
```
```
R $ rosrun nodelet nodelet load scamper_vision/CameraViewerNl manager
```

　Scamperのカメラの前でカラーボールを動かすとカラーボールが画像の中心に来るように制御が行われ,Scamperが動きだします.図12に示すように,rostopicコマンドでScamperに与えられている速度(/scamper_driver/cmd_robot_vel)を確認すると,画像の左側にカラーボールが写っているときは回転速度が正の値に,右側に写っているときは負の値になっていることがわかります.

第12章 単眼カメラを用いた色検出

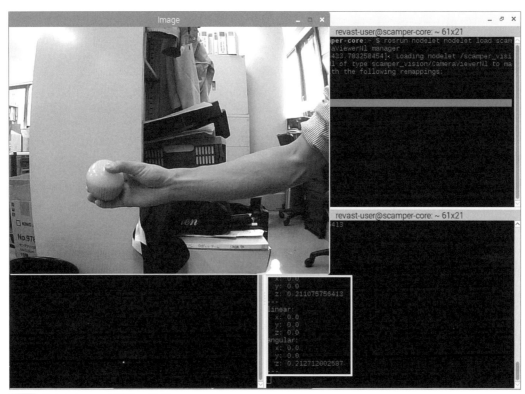

図12 出力されている速度の確認

　本章ではカメラ画像を用いた基本的なロボットの制御を行いました．検出した色の物体がカメラの中心になるように回転するだけの簡単な制御ですが，ロボットにちょっとした動きをつけるだけでも，ぐんとソースコードが複雑になり，ロボットの制御プログラムを作る大変さがわかっていただけたかと思います（ROSを使うことで機能ごとにモジュールを分割できているため，ROSを使わずにプログラムするより，だいぶ理解しやすい形になってはいます）．

　最終章では，ステレオカメラを用いてロボットの制御を行います．ここまで学習したことをフル活用してプログラムを作成します．ROSプログラミングに不安がある方は，ここまでの内容をよく復習してから最終章へ進むようにしてください．

column

ロボットに向いているカメラとは？

◆ カメラによって何が違うの？

　Scamperにはオプションとしてステレオカメラが付属しますが，ロボット用のカメラというのは存在するのでしょうか？　多くのロボット開発者はロボットで画像処理を行う際に一般的なPC用Webカメラや産業用カメラを使っています．Webカメラと産業用カメラでは一体何が違うのでしょうか？以下の表はあくまでも筆者がこれまでに使ってきたカメラの比較で主観が多分に含まれていますが，参考になる部分はあるかと思います．それぞれ一長一短ですので，どちらを選ぶのがよいかは作りたいシステムによって変わってきます．

カメラの種類	Webカメラ	産業用カメラ
ロボットへの取り付け方法	クリップやカメラネジ1本での固定 ぐらつく可能性あり	複数ネジでの固定 取り付けの柔軟性が高い
レンズ	変更不可	別売りの場合が多く用途に応じて選択可能
画像取得	OpenCVのVideoCaptureクラスで取得可能な場合が多い	専用のAPIを利用しなければならない場合が多い
画像フォーマット	MJPEGなど色情報が欠損しやすいフォーマットしか利用できない可能性あり	BayerやYUVなど色情報が欠損しないフォーマットが多い
価格	安い（高くても1〜2万円くらい）	高い（数万〜十数万円）

◆ カメラのインターフェースについて

　Scamperのステレオカメラもそうですが，世の中のPC用カメラのインターフェースはほとんどがUSB接続です．特に，屋外の実環境で自律走行ロボットを動かしていると感じるのですが，USBでPCと接続するカメラは走行中の振動でPCから抜けてしまうことが頻繁にあります．PCのUSB端子の固さにも影響を受けるのですが，USBはロック機構がないため，思うよりも簡単に外れてしまいます．つくばチャレンジでもUSBは結構な難敵で，走行中に外れてしまい涙を飲むケースがあるようです．

　最近は，産業用カメラとして，LANケーブルで接続するタイプのGiGEカメラなどが普及しはじめています．また，ロック機構付きのUSBのカメラが出るなど，徐々にですが，実環境で動くロボットに対して安心してカメラが使えるようになってきました．実環境でカメラを使ってロボットを制御するのはカメラの性能以前にかなり難しい課題ですが，ソフトとハード両方の進歩があってこそ解決される問題ですので，よい傾向だと思います．

　これからカメラを使ってロボットの制御にチャレンジしようと考えている読者のみなさんも，細かい内容ですが，ぜひここに書いたことを生かしてもらえれば嬉しく思います．

第3部 ROSプログラミング応用編

第13章

ステレオカメラを用いた物体追従

　ステレオカメラを用いて，ロボットの制御プログラムを作成します．前章では単眼カメラを用いて特定色を検出し，検出した方向にScamperが旋回するプログラムを作成しましたが，物体の正確な位置については計算していません．本章では，ステレオカメラを用いて特定色の物体を検出する点は前回と同じですが，Scamperが物体と一定の距離を保ちつつ追従するプログラムを作成します．

　なお，本章では，Scamper（オプション搭載）のステレオカメラを両眼とも使うことになります．画像データの取得には，Scamperに付属している「ros_scamper_eyes」パッケージを用います．

13.1　ステレオ視の仕組み

　ステレオカメラを用いると，画像に写っている物体の3次元情報(x, y, z)を復元することができます．代表的な応用例に車載カメラがあります．ステレオカメラの視差情報を利用して物体の3次元情報を復元し，距離を計算することで，車との衝突を防ぐシステムです．

　どのようにして画像（2次元情報）から3次元情報を復元できるのでしょうか．ステレオ視の仕組みについて見ていきましょう．

■ ピンホールカメラモデル

　まず，単眼カメラのカメラモデルについて考えてみます．撮影を行うと，空間上の物体（3次元）が画像データ（2次元）として記録されます．すなわち，3次元空間を2次元平面に変換しています．この変換を最も単純に表しているのが「ピンホールカメラモデル」と呼ばれるカメラモデルです．

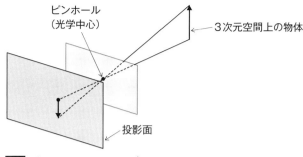

図1 ピンホールカメラモデル

　ピンホールカメラモデルは**図1**に示すように，光学中心（図1ではピンホール位置）を通過する光線だけが投影面に結像します．ここで，光学中心を通り投影面に垂直な直線を光軸といいます．このモデルでは，物体が上下左右反転された状態で結像されるため，**図2**の透視投影モデルがより一般的に用いられています．透視投影モデルは，仮想的な投影面を光学中心（ピンホール）と物体の間に置くことで，結像が反転されないようにしています．

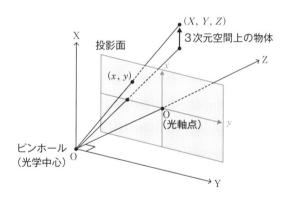

図2 透視投影モデル（ピンホールより手前部分は省略）

　3次元空間の座標は光学中心を通る光軸をZ軸にとり，X軸とY軸をそれぞれ投影面のx軸，y軸と平行になるように設定します．このようにカメラ（光学中心）を原点として定義した座標系を「カメラ座標系」といいます．

　ここで，光軸（Z軸）と投影面の交点を「光軸点」と呼び，光学中心から投影面までの距離を「焦点距離」と呼びます．光軸点，焦点距離はカメラの「内部パラメータ」と呼ばれ，次のような行列として表現されます．Aが内部パラメータ，fが焦点距離，(c_x, c_y)が光軸点を表しています．

第13章 ステレオカメラを用いた物体追従

$$A = \begin{bmatrix} f & 0 & c_x \\ 0 & f & c_y \\ 0 & 0 & 1 \end{bmatrix}$$

よって，投影面上のある点 (x, y) とそれに対応する3次元空間上の点 (X, Y, Z) は，焦点距離 f を用いて以下のように表すことができます．

$$x = f\frac{X}{Z}, \quad y = f\frac{Y}{Z}$$

これより，ピンホールカメラモデル（透視投影モデルを含む，以下同）では焦点距離によってのみ，投影面に投影される座標が決まることがわかります．

◢ ステレオカメラによる3次元復元

今度はカメラを2台にして考えてみましょう．それぞれのカメラモデルはピンホールカメラモデルです．また，ステレオカメラは**図3**に示すように，左右が同じ高さに位置しているものとします．

図3 正面から見たステレオカメラのイメージ

カメラ同士の間隔（基線長）がdのステレオカメラにおいて，3次元空間上に存在する物体Aの座標 (X, Y, Z) がどのように表現されるのか考えます（**図4**）．座標軸の取り方は図2と同じにします．

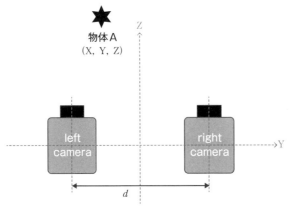

図4 真上から見たステレオカメラのイメージ

13.1 ステレオ視の仕組み

　左右のカメラの中心を原点とした座標系（図4），左カメラを原点とした座標系，右カメラを原点とした座標系の3つの座標系を使用しますので，混乱しないように注意しつつ進めましょう．

　まず，左カメラを原点とした座標系について考えます．それぞれのカメラはピンホールカメラモデルとして扱われるため，以下の式が成り立ちます．ここで，(x_L, y_L)は物体Aが左カメラの投影面に投影される座標，(X_L, Y_L, Z_L)は左カメラの光学中心を原点とした座標系における物体Aの3次元空間上での座標，f_Lは左カメラの焦点距離を表しています．

$$x_L = f_L \frac{X_L}{Z_L}, \quad y_L = f_L \frac{Y_L}{Z_L}$$

　左カメラと同様に，右カメラを原点とした座標系では，以下の式が成り立ちます．こちらも，(x_R, y_R)は物体Aが右カメラの投影面に投影される座標，(X_R, Y_R, Z_R)は右カメラの光学中心を原点とした座標系における物体Aの3次元空間上での座標，f_Rは右カメラの焦点距離を表しています．

$$x_R = f_R \frac{X_R}{Z_R}, \quad y_R = f_R \frac{Y_R}{Z_R}$$

　さて，ここで(X_L, Y_L, Z_L)，(X_R, Y_R, Z_R)を図4の左右のカメラの中心を原点とした座標系に変換してみましょう．座標系における物体Aの座標を(X, Y, Z)とすると，それぞれ以下の関係が成り立ちます．

$$X_L = X, \quad Y_L = Y + \frac{d}{2}, \quad Z_L = Z$$
$$X_R = X, \quad Y_R = Y - \frac{d}{2}, \quad Z_R = Z$$

　単純にY軸方向にスライドさせただけですので，対応関係も簡単ですね．また，ステレオカメラでは左右で同じカメラを使います（正確にはキャリブレーションにより焦点距離が同じになるようにします）ので，次の式が成り立ちます．

$$f = f_L = f_R$$

　したがって，投影面上の点(x_L, y_L)，(x_R, y_R)と3次元空間上に存在する物体Aの座標(X, Y, Z)の関係は，以下のようにまとめることができます．

$$x_L = x_R = f \frac{X}{Z}$$
$$y_L = f \frac{Y + \frac{d}{2}}{Z}$$
$$y_R = f \frac{Y - \frac{d}{2}}{Z}$$

　これらの式をX, Y, Zに関してまとめると，それぞれ次のとおりになります．

$$X = \frac{x_L Z}{f} = \frac{x_R Z}{f}$$
$$Y = \frac{y_L Z}{f} - \frac{d}{2} = \frac{y_R Z}{f} + \frac{d}{2}$$
$$Z = \frac{fd}{y_L - y_R}$$

このように，左右のカメラ間の距離(d)，焦点距離(f)，左右のカメラの投影面の座標(x_L, y_L)，(x_R, y_R)から，3次元空間上の点(X, Y, Z)を求めることができます．すなわち，ある物体について，2台のカメラから写っている位置を知ることができれば，各カメラの情報から3次元空間上の座標を求めることができるということです（**図5**）．

図5 ステレオマッチングのイメージ

■ テンプレートマッチング

ステレオカメラの左右の画像の対応点を求める処理は，「テンプレートマッチング」を使って自動的に求めることができます．**図6**のように，テンプレート画像を予め設定し，テンプレート画像が入力画像中に含まれるのか，含まれる場合はどの部分に位置するのかを調べる方法で，最も初歩的な画像マッチング手法の一つです．

図6 テンプレートマッチング

画像全体を1ピクセルずつ走査し，各ピクセルにおける類似度（スコア）を計算していくと，**図7**に示すようなスコアマップを得ることができます．最も高いスコアになっている部分がテンプレート画像と最もよく似ている部分ということになります．

スコアの計算方法には，ピクセルごとの差分を取るSSDやSAD，相関を取るNCCなどがあります．

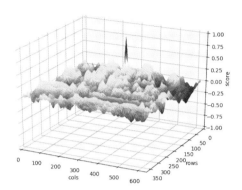

図7 テンプレートマッチングのスコアマップ

13.2 カメラキャリブレーション

ステレオカメラを用いて物体の3次元情報を復元しようとする場合，事前にカメラのパラメータを求める必要があります．画像補正のため，内部パラメータや外部パラメータ，レンズの歪み係数を求める手法を「カメラキャリブレーション」といいます．

一般的にステレオカメラは広い視野を得るために広角レンズを装着していることが多く，**図8**に示すような歪みが発生してしまいます．画像の外側部分を見ると，実際の空間では直線で構成されているものが，画像では曲線として写っています．歪みを含む画像ではピンホールカメラモデルおよびステレオ視の式を適用することはできません．よって，ステレオ視の式を適用できるようにするため，キャリブレーションを行います．具体的には，カメラの内部パラメータの一部であるレンズの歪み係数を求め，画像の歪みを取り除きます．

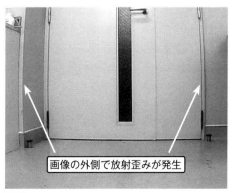

図8 ステレオカメラに発生する歪みの例

第13章 ステレオカメラを用いた物体追従

また，ステレオカメラは図9（左）のように左右のカメラが同じ高さ，かつ平行に配置されている状態が理想的ですが，環境によっては，高さにずれが生じる，平行でなくなるなどのことが起こりえます（図9（右））．

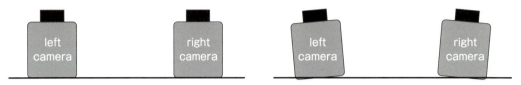

理想的なステレオカメラ　　　　　　実際のステレオカメラ

図9 ステレオカメラの配置

高さや向きが揃わない状態では左右の画像の対応点を求める際の計算コストが高くなってしまいます．そのため，キャリブレーションにより平行化パラメータを求め，図9（左）の理想的なステレオカメラ配置で撮影したような画像への変形処理を行う必要があります．これを平行化処理といいます．

カメラのキャリブレーションを行う方法はいくつかありますが，最もメジャーなのは図10に示すような，チェッカーボードを用いるというものです．チェッカーボードを異なる視点から撮影した画像を3枚以上用いて，間隔が既知であるチェッカーボードの交点を検出し，カメラの内部パラメータ，外部パラメータを算出しています（図10（右））．

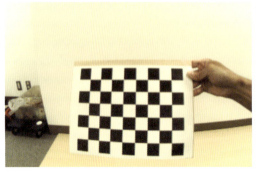 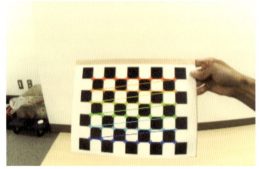

図10 チェッカーボードの例

仕組みの説明はこれくらいにして，早速Scamperのステレオカメラでキャリブレーションを行ってみましょう．OpenCVにはキャリブレーション用の関数が実装されており自分でプログラムを作ることもできますが，ROSのパッケージで使い勝手のよいものがありますので，本書ではROSのパッケージを使用します．

◼ ステレオキャリブレーションのための準備

キャリブレーションを行うためのROSパッケージをダウンロードします．キャリブレーションには高い演算能力を要しますので，Raspberry PiではなくUbuntu PCを使います．

```
U $ cd ~/catkin_ws/src
U $ git clone https://github.com/ros-perception/image_pipeline.git
```

キャリブレーション用のノードはPythonで提供されており，ビルドの必要はありません．

続いて，キャリブレーション用のチェッカーボードパターンをダウンロードします．ROS公式サイトのステレオカメラキャリブレーションのチュートリアルページからPDFファイルをダウンロードできます．

● ROS StereoCalibration

http://wiki.ros.org/camera_calibration/Tutorials/StereoCalibration

「1. Before Starting」内のリンク「checkerboard (8x6)」からダウンロードします（**図11**）．

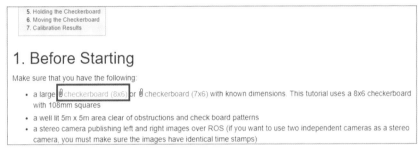

図11 チェッカーボードパターンのダウンロード

ダウンロードしたPDFファイルは，A4サイズ以上の紙に印刷します（サイズはなるべく大きいほうがよいです）．印刷した紙を硬い板に貼り付け，チェッカーボードのマスの一辺の長さを測ります．板は表面が平らで変形しないものであれば材質などはどんなものでも構いません．**図12**ではベニヤ板を使用しています．マスの一辺の長さは，キャリブレーションノードの実行時に使いますのでメモしておいてください．参考までに筆者の環境では25mmでした．

図12 チェッカーボードパターンの貼り付け

第13章 ステレオカメラを用いた物体追従

今回はScamper（Raspberry Pi）でカメラ画像の取得，Ubuntu PCでキャリブレーションを行いますので，Ubuntu PCでROSのホストがRaspberry Piになるように設定します．設定方法は9.2節「分散処理のための設定」を参照してください．

■ キャリブレーションノードの実行

Scamper（Raspberry Pi）側でscamper_eyesノードを実行します．ステレオカメラを用いた画像処理になるので，カメラの解像度を落として実行します．まずros_scamper_eyesパッケージに含まれるscamper_eyes.launchファイルを以下のように編集し，各ノードで実行します．

キャリブレーションを行うcamera_calibrationノードが正常に実行されると，**図13**のように表示されます．また，**図14**に示すGUIウィンドウが表示され，Scamperのステレオカメラの映像が表示されます．

scamper_eyes.launch

```
### 省略 ###
    <param name="image_width" value="320" type="int" />
    <param name="image_height" value="240" type="int" />
### 省略 ###
```

【実行（Raspberry Pi）】

```
R $ roslaunch ros_scamper_eyes scamper_eyes.launch
```

【実行（Ubuntu PC）】

```
U $ rosrun camera_calibration cameracalibrator.py --approximate 0.2 --size 8x6 --square 0.025
    left:=/scamper_eyes/img/left right:=/scamper_eyes/img/right left_camera:=/scamper_eyes/left
    right_camera:=/scamper_eyes/right
```

※レイアウトの都合上改行していますが，実際は1行で入力します．

初出のコマンドライン引数について簡単に説明します．

- --approximate

左右カメラ画像のタイムスタンプの許容誤差〔秒〕を指定します．今回の場合，0.2秒以内の誤差であれば同じタイミングで撮影した画像としています．

- --size

チェッカーボードの交点の数（横×縦）です．前項でダウンロードしたチェッカーボードの交点の数「8x6」を設定します．

- --square

キャリブレーションパターンのマスの一辺の長さ〔m〕を指定します．前項で測った値を入力してください．筆者の環境では25mmでしたので，0.025を入力しています．

図13 camera_calibrationノードの実行画面

図14 camera_calibrationノードのGUI画面

　では，Scamperのステレオカメラにキャリブレーションパターンを写してみましょう．チェッカーボードパターン全体が両方のカメラに写るようにします（**図15**）．

第13章 ステレオカメラを用いた物体追従

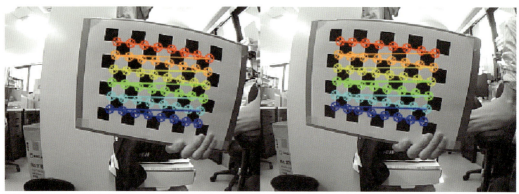

図15 チェッカーボードパターンの交点を認識

さまざまな見え方のデータが得られるように，ステレオカメラの前でチェッカーボードパターンを動かします（**図16**）．

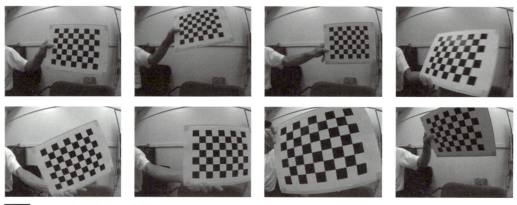

図16 チェッカーボードの撮影

画像の右側にあるバー「X」「Y」「Size」「Skew」がすべて緑色になるまで，さまざまな視点でチェッカーボードの撮影を続けます（**図17**）．

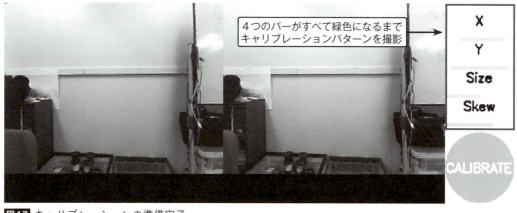

図17 キャリブレーションの準備完了

4つのバーがすべて緑色になったら「CALIBRATE」ボタンをクリックします．クリックしてもすぐに反応はなく，一見何も行われていないようですが，実はバックグラウンドで得られたデータから内部パラメータなどの計算が行われています（計算は5分程度かかることもあります）．完了すると，端末に各パラメータの値が表示されます（**図18**）．

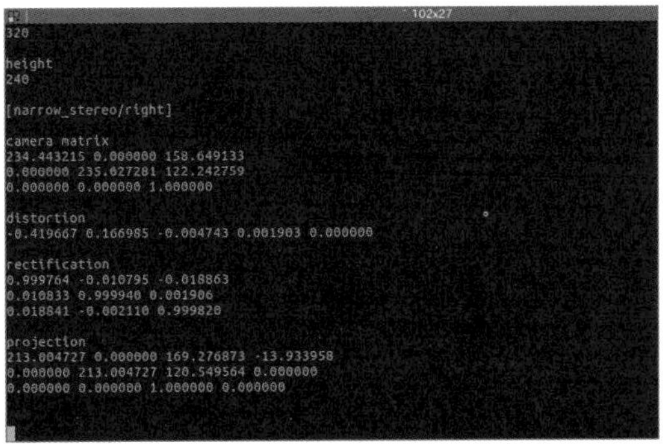

図18 キャリブレーション結果の表示

「SAVE」ボタンをクリックするとパラメータを保存できます（**図19**）．保存が完了すると端末にメッセージ「Wrote calibration data to /tmp/calibrationdata.tar.gz」が表示され，キャリブレーション結果は/tmp/calibrationdata.tar.gzに保存されます．

以下のコマンドで必要なファイルをホームディレクトリに移動させます．yamlファイルには，左右のカメラの内部パラメータや平行化パラメータが記述されています．

```
U $ tar -xvf /tmp/calibrationdata.tar.gz -C /tmp
U $ mv /tmp/left.yaml ~/
U $ mv /tmp/right.yaml ~/
```

図19 パラメータの保存

◼ YAMLファイルの編集

yamlファイルは，ros_scamper_eyesパッケージのconfigディレクトリに配置すると，自動的にキャリブレーション済みの画像をPublishします．ただし，残念ながら，camera_calibrate

ノードから出力されるyamlファイルをそのまま読み込むことはできませんので，以下のように編集する必要があります．

left.yaml，right.yaml

```
%YAML:1.0
image_width: 320
image_height: 240
camera_name: narrow_stereo/left
camera_matrix: !!opencv-matrix
  rows: 3
  cols: 3
  dt: d
  data: [244.137915, 0.000000, 161.295330, 0.000000, 244.079612,
      124.900406, 0.000000, 0.000000, 1.000000]
distortion_model: plumb_bob
distortion_coefficients: !!opencv-matrix
  rows: 1
  cols: 5
  dt: d
  data: [-0.451247, 0.205995, -0.004093, -0.000185, 0.000000]
rectification_matrix: !!opencv-matrix
  rows: 3
  cols: 3
  dt: d
  data: [0.999914, 0.006169, -0.011576, -0.006180, 0.999981,
      -0.000874, 0.011570, 0.000945, 0.999933]
projection_matrix: !!opencv-matrix
  rows: 3
  cols: 4
  dt: d
  data: [221.593805, 0.000000, 164.599297, 0.000000,
      0.000000, 221.593805, 121.636589, 0.000000,
      0.000000, 0.000000, 1.000000, 0.000000]
```

■ キャリブレーションの確認

ステレオカメラが正常にキャリブレーションされているか，確認を行います．まず，Ubuntu PCで編集したyamlファイルを，Raspberry Piのros_scamper_eyesパッケージに転送します．Ubuntu PCで以下のコマンドを入力してください．

```
U $ scp ~/left.yaml revast-user@scamper-core.local:~/catkin_ws/src/ros_scamper_eyes/config
U $ scp ~/right.yaml revast-user@scamper-core.local:~/catkin_ws/src/ros_scamper_eyes/config
```

Raspberry Piで実行しているscamper_eyesノードを終了させて，再度起動します．また，ros_scamper_visionパッケージのstereo_viewerノードを起動させて，それぞれのカメラがキャリブレーションされているか確認します．

```
R $ roslaunch ros_scamper_eyes scamper_eyes.launch
```

```
R $ roslaunch ros_scamper_eyes stereo_viewer.launch
```

図20 キャリブレーション後のステレオカメラ画像

図20のように，左右それぞれの画像で歪みが解消されていること，同じ物体が左右の画像の同じ高さに写っていることを確認します．

また，以下のコマンドを入力して，それぞれのパラメータがTopicとして出力されていることも確認してください．端末に表示されるパラメータ値がyamlファイルと同じであれば問題ありません（**図21**）．

```
R $ rostopic echo /scamper_eyes/info/left
```

```
R $ rostopic echo /scamper_eyes/info/right
```

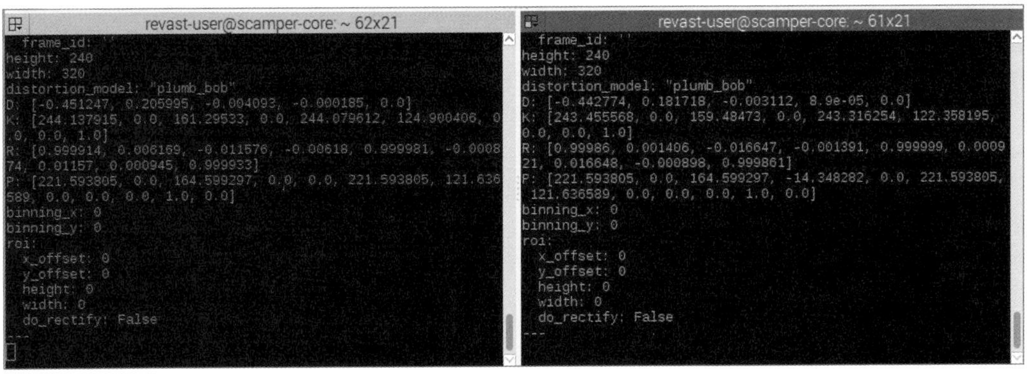

図21 キャリブレーションパラメータの確認

13.3 物体追従プログラムの作成

いよいよ本書の集大成となるプログラムの作成にとりかかります．「特定色を検知してそれに追従する」部分は前章と同じですが，それに加えて今回は，ステレオカメラで物体までの距離情報を取得し，物体との距離が一定間隔になるような制御を行います．検知する物体は前章に引き続き，緑色のカラーボールを使います．

図22 探索対象のカラーボール

◼ ソースコードの編集（follow_color.cpp）

scamper_visionパッケージにソースファイル「follow_color.cpp」を作成し，編集を行います．follow_colorノードでは以下の処理を行います．

- 左右の画像，カメラ情報をSubscribeする
- 左右の画像から特定色の領域を抽出する
- 視差から物体の位置情報（x, y, z）を計算する
- 位置関係が一定になるようにScamperを制御する

```
R $ touch ~/catkin_ws/src/scamper_vision/src/follow_color.cpp
```

follow_color.cpp

```cpp
#include <ros/ros.h>
#include <message_filters/subscriber.h>
#include <message_filters/sync_policies/approximate_time.h>
#include <sensor_ msgs/Image.h>
#include <sensor_msgs/CameraInfo.h>
#include <cv_bridge/cv_bridge.h>
#include <geometry_msgs/Twist.h>
#include <nodelet/nodelet.h>
#include <pluginlib/class_list_macros.h>
#include <opencv2/opencv.hpp>
#include <thread>

using namespace sensor_msgs;
using namespace geometry_msgs;
```

13.3 物体追従プログラムの作成

```cpp
using namespace cv_bridge;
using message_filters::sync_policies::ApproximateTime;
using message_filters::Synchronizer;

typedef ApproximateTime<Image, Image, CameraInfo, CameraInfo> SyncPolicy;

namespace scamper_vision
{

class FollowColor : public nodelet::Nodelet
{
public:
  FollowColor();
  ~FollowColor();
  virtual void onInit();
private:
  void extractColor(const cv::Mat &src, cv::Mat &dst);
  void labeling(const cv::Mat &bin, cv::Rect &rect);
  void calcDistance(const cv::Mat &img_l, const cv::Mat &img_r,
                    const cv::Rect &rect_l, const cv::Rect &rect_r,
                    double f, double baseline, cv::Point3d &pt_3d);
  Twist calcVelocity(cv::Point3d &pt_3d);
  void onImgsSubscribed(const ImageConstPtr &img_l,
                        const ImageConstPtr &img_r,
                        const CameraInfoConstPtr &info_l,
                        const CameraInfoConstPtr &info_r);
  ros::NodeHandle nh_;
  message_filters::Subscriber<Image> *sub_img_l_, *sub_img_r_;
  message_filters::Subscriber<CameraInfo> *sub_info_l_, *sub_info_r_;
  Synchronizer<SyncPolicy> *sync_msgs_;
  ros::Publisher pub_vel_;
  /*** Parameters ***/
  int hue_min_, hue_max_, sat_min_, sat_max_, val_min_, val_max_;
  int sz_min_, find_area_;
  double x_max_, x_target_, x_deadzone_;
  double r_max_, r_deadzone_;
  double vel_x_max_, vel_r_max_;
  double score_min_;
};

FollowColor::FollowColor()
{

}

FollowColor::~FollowColor()
{

}

/*** モジュールが読み込まれると自動的に呼び出される関数 ***/
void FollowColor::onInit()
{
  using message_filters::Subscriber;
```

```cpp
  /*** ノードハンドラの初期化 ***/
  nh_ = this->getNodeHandle();
  /*** Parameterの読み込み ***/
  hue_min_ = nh_.param<int>("hue/min", 50);
  hue_max_ = nh_.param<int>("hue/max", 65);
  sat_min_ = nh_.param<int>("sat/min", 100);
  sat_max_ = nh_.param<int>("sat/max", 255);
  val_min_ = nh_.param<int>("val/min", 50);
  val_max_ = nh_.param<int>("val/max", 255);
  sz_min_ = nh_.param<int>("size/min", 400);
  find_area_ = nh_.param<int>("find_area", 10);
  x_max_ = nh_.param<double>("distance/max", 1.0);
  x_target_ = nh_.param<double>("distance/target", 0.3);
  x_deadzone_ = nh_.param<double>("distance/dead_zone", 0.05);
  r_max_ = nh_.param<double>("rotation/max", 25.0);
  r_deadzone_ = nh_.param<double>("rotation/dead_zone", 5.0);
  vel_x_max_ = nh_.param<double>("vel/x/max", 0.20);
  vel_r_max_ = nh_.param<double>("vel/r/max", 50.0);
  score_min_ = nh_.param<double>("score/min", 0.70);
  /*** DegreeからRadianへの変換 ***/
  r_max_ *= (M_PI / 180.0);
  r_deadzone_ *= (M_PI / 180.0);
  vel_r_max_ *= (M_PI / 180.0);
  /*** message_filtersの初期化 ***/
  sub_img_l_ = new Subscriber<Image>(nh_, "/scamper_eyes/img/left", 10);
  sub_img_r_ = new Subscriber<Image>(nh_, "/scamper_eyes/img/right", 10);
  sub_info_l_ = new Subscriber<CameraInfo>(nh_, "/scamper_eyes/info/left", 10);
  sub_info_r_ = new Subscriber<CameraInfo>(nh_, "/scamper_eyes/info/right", 10);
  sync_msgs_ = new Synchronizer<SyncPolicy>(SyncPolicy(10), *sub_img_l_,
                                            *sub_img_r_, *sub_info_l_, *sub_info_r_);
  sync_msgs_->registerCallback(boost::bind(&FollowColor::onImgsSubscribed, this, _1, _2, _3, _4));
  /*** Publisherの初期化 ***/
  pub_vel_ = nh_.advertise<Twist>("/scamper_driver/cmd_robot_vel", 10);
}

/*** 特定色の領域を抽出 ***/
void FollowColor::extractColor(const cv::Mat &src, cv::Mat &dst)
{
  /*** srcをHSV表色系に変換 ***/
  cv::Mat hsv;
  cv::cvtColor(src, hsv, CV_BGR2HSV);
  /*** 出力画像を0で初期化 ***/
  dst = cv::Mat(src.size(), CV_8UC1, cv::Scalar(0));
  /*** H・S・Vがしきい値内の画素のみ255を代入 ***/
  for(int y = 0; y < hsv.rows; y++){
    const uchar *ptr_hsv = hsv.ptr<uchar>(y);
    uchar *ptr_dst = dst.ptr<uchar>(y);
    for(int x = 0; x < hsv.cols; x++){
      uchar hue = ptr_hsv[3 * x + 0];
      uchar sat = ptr_hsv[3 * x + 1];
      uchar val = ptr_hsv[3 * x + 2];
      if(hue < hue_min_ || hue > hue_max_) continue;
      if(sat < sat_min_ || sat > sat_max_) continue;
      if(val < val_min_ || val > val_max_) continue;
```

```cpp
      ptr_dst[x] = 255;
    }
  }
}

/*** ラベリング処理 ***/
void FollowColor::labeling(const cv::Mat &bin, cv::Rect &rect)
{
  cv::Mat label_img, stats, centroids;
  int n = cv::connectedComponentsWithStats(bin, label_img, stats, centroids, 8);
  /*** ラベリング領域が最大のものを選択 ***/
  int sz = 0;
  for(int i = 1; i < n; i++){
    int *stat = stats.ptr<int>(i);
    int tmp_sz = stat[cv::ConnectedComponentsTypes::CC_STAT_AREA];
    if(sz < tmp_sz){
      sz = tmp_sz;
      rect.x = stat[cv::ConnectedComponentsTypes::CC_STAT_LEFT];
      rect.y = stat[cv::ConnectedComponentsTypes::CC_STAT_TOP];
      rect.width = stat[cv::ConnectedComponentsTypes::CC_STAT_WIDTH];
      rect.height = stat[cv::ConnectedComponentsTypes::CC_STAT_HEIGHT];
    }
  }
}

void FollowColor::calcDistance(const cv::Mat &img_l, const cv::Mat &img_r,
                               const cv::Rect &rect_l, const cv::Rect &rect_r,
                               double f, double baseline, cv::Point3d &pt_3d)
{
  pt_3d = cv::Point3d();
  int cx = img_l.cols / 2, cy = img_l.rows / 2;
  if(rect_l.width * rect_l.height < sz_min_ || rect_r.width * rect_r.height < sz_min_) return;
  /*** 探索用のテンプレート画像を作成 ***/
  cv::Mat temp;
  cv::cvtColor(img_l(rect_l), temp, CV_BGR2GRAY);
  /*** 探索用の入力画像を作成 ***/
  cv::Rect find_rect(rect_r.x - find_area_, rect_l.y,
                     rect_l.width + find_area_ * 2 + 1, rect_l.height);
  if(find_rect.x < 0){
    find_rect.x = 0;
  }
  if(find_rect.x + find_rect.width > img_r.cols){
    find_rect.width = img_r.cols - find_rect.x;
  }
  cv::Mat input;
  cv::cvtColor(img_r(find_rect), input, CV_BGR2GRAY);
  /*** テンプレート画像に対応する領域を入力画像（右画像）から探索 ***/
  cv::Mat result(1, input.cols - temp.cols + 1, CV_32FC1);
  cv::matchTemplate(input, temp, result, CV_TM_CCORR_NORMED);
  /*** テンプレートマッチングの結果が最大になる点を探索 ***/
  double min, max;
  cv::Point min_loc, max_loc;
  cv::minMaxLoc(result, &min, &max, &min_loc, &max_loc);
  /*** マッチスコアがしきい値以下なら関数を抜ける ***/
```

```cpp
    if(max < score_min_) return;
    /*** 物体の3次元座標を計算 ***/
    int x1 = rect_l.x + rect_l.width / 2 - cx;
    int x2 = rect_r.x + max_loc.x + rect_l.width / 2 - cx;
    int y1 = rect_l.y + rect_l.height / 2 - cy;
    if(x1 == x2){
      pt_3d.x = std::numeric_limits<double>().max();
      pt_3d.y = pt_3d.z = 0;
    } else{
      pt_3d.x = baseline * f / (x1 - x2);
      pt_3d.y = -pt_3d.x * x1 / f + baseline / 2;
      pt_3d.z = -pt_3d.x * y1 / f;
    }
}

/*** 物体の位置情報からロボットの速度を計算 ***/
Twist FollowColor::calcVelocity(cv::Point3d &pt_3d)
{
  Twist vel;
  if(pt_3d.z <= 0) return vel;
  double dx = pt_3d.x - x_target_;    // 目標距離との差
  double obj_dir = atan2(pt_3d.y, pt_3d.x);  // 物体の方向
  /*** 並進方向の速度(x方向のみ)を計算 ***/
  if(fabs(dx) > x_deadzone_){
    vel.linear.x = dx * vel_x_max_ / x_max_;
    if(vel.linear.x > vel_x_max_) vel.linear.x = vel_x_max_;
  }
  /*** 回転方向の速度を計算 ***/
  if(fabs(obj_dir) > r_deadzone_){
    vel.angular.z = obj_dir * vel_r_max_ / r_max_;
    if(vel.angular.z > vel_r_max_) vel.angular.z = vel_r_max_;
    else if(vel.angular.z < -vel_r_max_) vel.angular.z = -vel_r_max_;
  }
  return vel;
}

/*** 画像を受信すると呼ばれるコールバック関数 ***/
void FollowColor::onImgsSubscribed(const ImageConstPtr &img_l,
                                   const ImageConstPtr &img_r,
                                   const CameraInfoConstPtr &info_l,
                                   const CameraInfoConstPtr &info_r)
{
  /*** 変数の宣言 ***/
  std::array<CvImageConstPtr, 2> cv_img;
  std::array<cv::Mat, 2> bin;
  std::array<cv::Rect, 2> target_rect;
  /*** 受信した画像を変換 ***/
  cv_img[0] = toCvShare(img_l, img_l->encoding);
  cv_img[1] = toCvShare(img_r, img_r->encoding);
  if(cv_img[0]->image.empty() || cv_img[1]->image.empty()) return;
  /*** 特定の色の抽出～ラベリング処理 ***/
  std::thread t1([&]{
    extractColor(cv_img[0]->image, bin[0]);
    labeling(bin[0], target_rect[0]);
```

```
    });
    std::thread t2([&]{
      extractColor(cv_img[1]->image, bin[1]);
      labeling(bin[1], target_rect[1]);
    });
    t1.join();
    t2.join();
    /*** 物体の3次元情報を算出 ***/
    cv::Point3d target_pt;
    double f = info_l->P[0];
    double baseline = fabs(info_r->P[3] / f);
    calcDistance(cv_img[0]->image, cv_img[1]->image,target_rect[0], target_rect[1],
                 f, baseline, target_pt);
    /*** 物体の3次元情報を表示 ***/
    ROS_INFO("(%.2f, %.2f, %.2f)", target_pt.x, target_pt.y, target_pt.z);
    /*** ロボットの速度を計算してPublish ***/
    pub_vel_.publish(calcVelocity(target_pt));
  }

}
PLUGINLIB_EXPORT_CLASS(scamper_vision::FollowColor, nodelet::Nodelet)
```

extractColor関数，labeling関数は前章の色抽出プログラムを流用しています．今回のコアとなる部分はcalcDistance関数です．この関数で，左右の画像のどの位置にカラーボールが写っているか探索し，ステレオ視の原理により画像上の位置座標(x1, y1), (x2, y2)からカラーボールの3次元座標を求めています．なお，ここでの座標系は，本章の初めで説明した座標系（図3）ではなく，ロボット座標系（**図23**）となっています．物体の3次元情報をロボット座標系で表すことで，制御をわかりやすく行うためです．また，3次元復元に用いる焦点距離とステレオカメラの基線長は，scamper_eyesノードが送っているCameraInfoメッセージから取得しています．

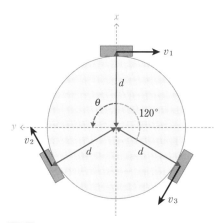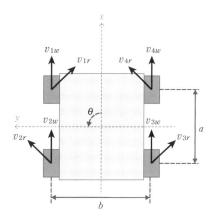

図23 ロボット座標系

今回用いたParameterについて簡単に説明します．

- hue/min, hue/max, sat/min, sat/max, val/min, val/max
  色抽出を行うためのHue，Saturation，Valueのしきい値です．
- size/min
  画像からラベリング処理により抽出した領域サイズの最小値です．この値より小さい領域はノイズ成分として無視されます．
- find_area
  左右画像の対応点を求める際，色抽出のラベリングだけでは正確に算出できないため，このParameterで指定したピクセル分，右画像のラベリング領域の周辺をテンプレートマッチングで探索しています．
- distance/target, distance/max, distance/deadzone
  物体とScamperの目標距離，目標距離との差の最大値，無視する目標距離との差のしきい値です．Scamperに与える直進方向の速度を決定する際に使用します．
- rotation/max, rotation/deadzone
  目標角度（=0）との差の最大値，無視する目標距離との差のしきい値です．Scamperに与える回転方向の速度を決定する際に使用します．
- vel/x/max, vel/r/max
  Scamperに与える速度の最大値です．速度の計算に使用します．
- score/min
  テンプレートマッチングのスコアのしきい値です．スコアがこの値より小さい場合には対応点なしと判断します．

◪ CMakeLists.txtの編集

follow_colorモジュールがlibscamper_visionライブラリに含まれるように，CMakeLists.txtを編集します．message_filtersパッケージの追加を忘れないように注意してください．

CMakeLists.txt

```
### 省略 ###
find_package(catkin REQUIRED COMPONENTS
  cv_bridge
  roscpp
  geometry_msgs
  sensor_msgs
  nodelet
  message_filters
)
### 省略 ###
add_library(${TARGET}
  src/camera_publisher_nl.cpp
  src/camera_viewer_nl.cpp
  src/extract_color.cpp
  src/find_color.cpp
```

```
    src/follow_color.cpp
)
### 省略 ###
```

■ プラグイン定義ファイルの編集

プラグイン定義ファイル scamper_vision.xml に FollowColor クラスの記述を追加します．

scamper_vision.xml

```xml
<library path="lib/libscamper_vision">
  ### 省略 ###
  <class name="scamper_vision/FollowColor" type="scamper_vision::FollowColor" ↵
         base_class_type="nodelet::Nodelet">
    <description>
      FollowColor module
    </description>
  </class>
</library>
```

※レイアウトの都合上改行していますが，実際は1行で入力します．

■ launchファイルの作成

動作のチューニングはParameterを使って行いますので，launchファイルに設定値をまとめます．scamper_vision/launchディレクトリにファイル「follow_color.launch」を作成し，下記のように編集してください．

\<include\>タグを用いてros_scamper_eyesパッケージに含まれるscamper_eyes.launchファイルも読み込むように記述しています．各パラメータの値は，各自の環境に合わせて調整してください．

```
R $ touch ~/catkin_ws/src/scamper_vision/launch/follow_color.launch
```

follow_color.launch

```xml
<?xml version="1.0"?>
<launch>
  <include file="$(find ros_scamper_eyes)/launch/scamper_eyes.launch" />

  <node pkg="nodelet" type="nodelet" name="follow_color" ↵
        args="load scamper_vision/FollowColor manager" output="screen" />

  <param name="hue/min" value="50" type="int" />
  <param name="hue/max" value="65" type="int" />
  <param name="sat/min" value="100" type="int" />
  <param name="sat/max" value="255" type="int" />
  <param name="val/min" value="50" type="int" />
  <param name="val/max" value="255" type="int" />
  <param name="size/min" value="200" type="int" />
  <param name="find_area" value="10" type="int" />
  <param name="distance/max" value="0.5" type="double" />
  <param name="distance/target" value="0.5" type="double" />
```

第13章 ステレオカメラを用いた物体追従

```
    <param name="distance/deadzone" value="0.05" type="double" />
    <param name="rotation/max" value="20.0" type="double" />
    <param name="rotation/deadzone" value="2.5" type="double" />
    <param name="vel/x/max" value="0.2" type="double" />
    <param name="vel/r/max" value="50.0" type="double" />
    <param name="score/min" value="0.70" type="double" />
</launch>
```

※レイアウトの都合上改行していますが，実際は1行で入力します．

■ パッケージのビルド & ノードの実行

scamper_visionパッケージをビルドして，クラスライブラリの生成を行いましょう．

ノードを実行する前に，実行結果によってはScamperが暴走する危険性もありますので，すぐに停止させることができるように準備しておいてください．

【ビルド】

```
R $ cd ~/catkin_ws
R $ catkin_make -DCATKIN_WHITELIST_PACKAGES="scamper_vision"
```

【実行】

```
R $ roslaunch scamper_vision follow_color.launch
```

実行すると，画像をSubscribeするたびにカラーボールの位置情報が端末に出力されます．カラーボールが見つからない場合は，原点の位置 (0, 0, 0) が出力されます．

ボールの位置を左右に変えて，出力内容が変わることを確認してください（**図24**，**図25**）．座標系はロボット座標系に従っています．

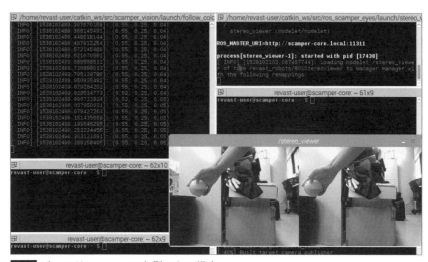

図24 ボールがScamperの左側にある場合

13.3 物体追従プログラムの作成

図25 ボールがScamperの右側にある場合

　ボールをScamperから遠ざけるとScamperが前進し，近づけるとゆっくり後退します．また同時に，ボールがScamperの正面に写るように回転します．

　いきなりは期待どおりに動かないかもしれませんが，launchファイルのパラメータを調整しながらScamperが理想の動きをするように試してみてください．

　本章では，これまでの学習内容をフル活用し，Scamperが一定の距離を保ってカラーボールを追従するプログラムを作成しました．ステレオカメラを用いてロボットを制御できたという達成感が得られたなら幸いです．Raspberry Piは演算能力が高いとはいえませんが，本章で実験したように，工夫すれば多様なロボット制御ができます．Scamperは，アイデア次第でさまざまなことができるロボットです．ぜひ本書には載っていないオリジナル制御も組み込んでみてください．

おわりに

　本書では，実際に自分の手を動かしてコードを書きながらROSを体験するというスタイルで学習を進めてきました．Raspberry PiやROSのセットアップから始まり，ROSの基本的な機能の体験，最後はステレオカメラを用いたロボットの制御まで行いました．本書が少しでも読者の皆さまのロボット開発の糧になってくれれば，筆者としてこの上なく嬉しく思います．最後までお付き合いいただきありがとうございました．

　本書を通じて，Raspberry Piのような低スペックのシングルボードコンピュータでも，工夫次第でロボットを十分に制御できることが体験できたかと思います．今回体験した低スペック（≒低消費電力）のコンピュータでロボットを制御するというのは，十分な電力の確保が難しい小型・中型の移動ロボットを開発するうえで重要なことだと筆者は考えています．毎年参加している「つくばチャレンジ」でも筆者はこの考え方に基づいて，できる限り軽量なアルゴリズムで課題を達成することを目的として開発を行っています．走行系やセンサー周りなども含めて，自律走行ロボットを開発していると十分な電源の確保にはいつも悩まされますね……．

　ROSの話になりますが，本書で扱ってきたROSの機能はほんの一部に過ぎません．ROSにはもっと魅力的な機能がたくさんあるのですが，残念ながら本書ではそのすべてを紹介することはできませんでした．例えば，コラム内で紹介した3Dロボットシミュレータ「Gazebo」は，使いこなせるとロボット開発の効率がぐんと上がります．冬の寒い日は，外で実験を頑張るよりも暖かい部屋でシミュレータを動かすほうが捗りますね．また，同じくコラムで紹介したDynamic Reconfigureも，現場でロボットの調整をする場合に欠かせない非常に便利な機能です．本書では説明できなかった「rosbag」や「tf」なども，ROSを使ってロボット開発をするうえで重要な機能ですので，ぜひ使いこなせるようになってください．

　ROSに限らずC/C++やPythonなどのプログラミング言語についてもいえることですが，何かスキルアップするときに大事なことは，「これって不便じゃない？」と気づけることだと筆者は考えています．ROSに関しても「ここが不便なんだけど，こんな機能はないのかな？」と思って探していると，意外と見つかることがあります．筆者の場合，上述の「tf」機能がまさにそれでした．自律走行ロボットのナビゲーションプログラムを作成している際に，ロボットの座標変換を面倒に思い，何かよい方法はないかと探していたところ，見つかったのが「tf」です．ちょっとした疑問から自分の手札を増やしていくと，今後ロボットの開発をしていくうえで大きな武器になります．また，もっと効率的にスキルアップする方法として手っ取り早いのが，関連する技術交流会に積極的に参加することです．地方に住んでいるためなかなか足を運びづらいの

ですが，このような交流会に参加すると自分の知らない情報を簡単に入手しやすいので，近くで興味のある技術交流会が開かれる場合は，積極的に参加してみてください．

　ロボットに関する雑多な話ですが，筆者は子どもの頃に見ていた『ドラえもん』が大好きで，その頃から「将来はドラえもんみたいなロボットを作りたい」と思っていました．中学生の頃からプログラミングを始め，誕生日プレゼントにVisual Basic 6.0を買ってもらったのを覚えています．インターネットもつながっていなければ周りに教えてくれる人もいなかったので，独学で勉強をする癖がついたのはその影響だと思います．大学時代に早稲田大学マイクロマウスクラブ（WMMC）に入り本格的にロボットを作りはじめ，マイクロマウスやROBO-ONE，NHK大学ロボコン（現在は「NHK学生ロボコン」に改称）などを通じてロボットに対する知識を深めていきました．また，実際の人間が生活する空間でロボットを自律走行させる「つくばチャレンジ」に参加していますが，つくばチャレンジが目指している「人間とロボットが共存する社会」というのはまさに自分が夢見ている目標そのもので，毎年楽しみながら参加させてもらっています．最近は趣味でも仕事でもロボット三昧な，とても充実した日々を過ごしていますが，ロボットを開発すればするほど自分が子どもの頃に描いてきた目標は遠くにあるのだと痛感させられます．努力をすれば必ず夢は叶うとは思っていませんが，努力をしなければ何も変わらないですので，これからも一生懸命ロボットの開発を行っていきます．

　最後になりますが，本書のはじめでも書いたとおり，ROSは世界中の人々がさまざまなパッケージを公開しています．一人でロボットを一から作るのはとても大変なことです．読者の皆さまもぜひ，このロボット開発の輪に加わり一緒にロボット界隈を盛り上げ発展させていければ，それはとても素晴らしいことだと思います．本書がその一歩を踏み出すきっかけとなれば幸いです．

謝辞
　本書を執筆するにあたり，Scamperを使ったROSの教育プログラムの構築に協力してくださった群馬大学理工学府の太田直哉教授をはじめ，太田研究室の皆さんには大変お世話になりました．ここに感謝の意を表します．

『Scamperによる ROS & Raspberry Pi製作入門』参照サイト一覧

第1章

- ROS対応のロボット
  URL https://robots.ros.org

第2章

- Raspbianアーカイブページ
  URL http://downloads.raspberrypi.org/raspbian/images/

第3章

- ROSのディストリビューション一覧
  URL http://wiki.ros.org/Distributions

- Installing ROS Kinetic on the Raspberry Pi
  URL http://wiki.ros.org/ROSberryPi/Installing ROS Kinetic on the Raspberry Pi

- Ubuntu install of ROS Kinetic
  URL http://wiki.ros.org/kinetic/Installation/Ubuntu

第4章

- ROSコマンドラインツール
  URL http://wiki.ros.org/rosnode
  URL http://wiki.ros.org/rostopic
  URL http://wiki.ros.org/rosservice
  URL http://wiki.ros.org/rosparam

第5章

- ROS Tutorials Creating Package
  URL http://wiki.ros.org/ja/ROS/Tutorials/CreatingPackage

- ROS C++ スタイルガイド
  URL http://wiki.ros.org/ja/CppStyleGuide

第6章

- std_msgs
  URL http://wiki.ros.org/std_msgs

- common_msgs
  URL http://wiki.ros.org/common_msgs

- message_filters
  URL http://wiki.ros.org/message_filters

- Remapping
  URL http://wiki.ros.org/Remapping Arguments

第7章

- actionlib Documentation
  URL http://docs.ros.org/kinetic/api/actionlib/html/

第8章

- ros::Nodehandle Class Reference
  URL http://docs.ros.org/kinetic/api/roscpp/html/classros_1_1NodeHandle.html

- roslaunch
  URL http://wiki.ros.org/roslaunch/XML/launch

第9章

- Microsoft Visual Studio Code
  URL https://code.visualstudio.com/download

第11章

- OpenCV CookBook
  URL http://opencv.jp/cookbook/opencv_mat.html

- OpenCV（英語）
  URL https://docs.opencv.org/3.2.0/

- OpenCV（日本語）
  URL http://opencv.jp/opencv-2.2/cpp/

第13章

- ROS StereoCalibration
  URL http://wiki.ros.org/camera_calibration/Tutorials/StereoCalibration

『ScamperによるROS & Raspberry Pi製作入門』索引

あ行

アンマウント	17
依存パッケージ	59, 61
色情報	178
インクルードファイル	64
インデント	57
ウェイト	71
エディタ	56, 127
エラー対応	65
オートホワイトバランス	188
オムニホイール	5, 139

か行

回転速度	48, 51, 140, 141
開発用PC	9
外部パラメータ	203
外部ファイル	119
可逆圧縮	159
隠しファイル	38
拡張機能	128
型変換	164
可変長配列	75, 77
カメラ	5
カメラ座標系	199
環境変数	37, 40, 58, 134
カントリーコード	23
基線長	200
キャリブレーション	203
クライアント	130
グレースケール	158
グローバル変数	81
言語と地域の設定	21
光学中心	199
光軸	199
光軸点	199
コード補完	56, 129
コールバック	72
コールバックキュー	83
固定長配列	77
コマンドライン引数	102

さ行

サーバー	130
サービス（xrdp）	25
彩度	180
参照渡し	72
色相	180
自己位置推定	7
実行名	176
車載カメラ	198
周期	118
ジョイスティック	5
焦点距離	199
シリアル通信	12
自律走行ロボット	3
シングルボードコンピュータ	12
スコア	203
スコアマップ	203
スタイルガイド	66
ステレオカメラ	6
ステレオ視	198
ステレオマッチング	202
スレッド	83, 169
設定ファイル	103, 114
線形補間	189
全方位移動	139
速度ベクトル	139, 141
ソナーセンサー	152

た行

ターゲット	64
タイマーイベント	172
タイムアウト	111
タイムスタンプ	62
タイムゾーンの設定	22
単位ベクトル	139
端末	15
チェッカーボード	204
中間ファイル	58
チューニング	114
つくばチャレンジ	7
デバイスファイル名	16
デバッグコマンド	49
デバッグ用ツール	4
デフォルトアプリケーション	60
テンプレート画像	202
テンプレートマッチング	202
同一ネットワーク	18
投影面	199
同期通信	43
同期ポリシー	87
透視投影モデル	199
独自型	75, 98
トラックバー	182, 187

な行

内部パラメータ	199, 203
名前空間	94, 115
二値画像	185, 188
ノード	43
ノード間通信	43
ノンブロッキング関数	80

は行

パーティションの拡張	20
パーティション名	16
パスワードの変更	19
パッケージ	43, 59
パッケージ管理	4
パッケージ情報	58
汎用I/O	12

非可逆圧縮	159
非同期通信	43
ビルド	24, 37
ピンホールカメラモデル	198
負荷インジゲータ	168, 177
物体検出	178
プラグイン定義ファイル	175
プリミティブ型	70, 75
ブロッキング	104
ブロッキング関数	80
分散処理	126
平行化処理	204
平行化パラメータ	204
並進速度	48, 51
並列コンパイル	37
ペイントツール	180
ヘッダファイル	58, 77, 99, 107, 146

ま行

マイクロSDカード	10, 13, 18
右手系	139
無線LANルーター	10, 18
命名規則	66
メカナムホイール	5, 140
メッセージ型	75, 76
メモリ空間	169
メモリ不足	31
モジュール間通信ライブラリ	4
モジュール構成	7

や行

歪み係数	203
予約語	56

ら行

ライブラリファイル	58
ラッパー型	70, 75
ラベリング	189
ランチャー	14, 25
リポジトリ	25
リモートデスクトップ接続	23, 24
リモートデスクトッププロトコル	24
レイアウト (Terminator)	46
ロボット座標系	217

わ行

ワークスペース	35, 57
ワークスペースの構成	58
ワークスペースの初期化	57, 129
ワンボードマイコン	12

英字・記号

.bashrcファイル	38, 41, 59, 134
.bmp	158
.jpeg	159
.jpg	159
.png	159
>>オペレータ	166
2D-LiDAR	5, 6
3次元復元	200
actionlib	105
Action型	105, 145
add_action_files	107
add_executable	64
add_message_files	77
at関数	161
bool ros::NodeHandle::getParam	117
bool ros::NodeHandle::hasParam	117
c_cpp_properties.json	129
catkin	63
catkin_package	63
CATKIN_WHITELIST_PACKAGES	73
CMake	33, 62
cmake_minimum_required	63
CMakeLists.txt	62
cv::imread	160
cv::imshow	161
cv::Mat	160
cv::Mat::cols	161
cv::Mat::empty	160
cv::Mat::rows	161
cv::VideoCapture	166
cv::VideoCapture::isOpen	166
cv::VideoCapture::operator>>	166
cv::waitKey	161
cv_bridge	164
cv_bridge::CvImage	166
cv_bridge::CvImage::toImageMsg	166
cv_bridge::CvImageConstPtr	174
cv_bridge::toCvCopy	167
cv_bridge::toCvShare	174
data配列	161
Debian	13
Desktop Install	40
Desktop-Full Install	40
Desktop構成	35
DHCP	10
dump	119
Eigen3	36
Ethernet	5
feedback	106, 113
find_package	63
Gazebo	4
Geany	56
generate_messages	77
geometry_msgs	75
goal	106, 113
GPIO	12
HDMI	12
HSV表色系	180
Hue	180
I2Cポート	5, 12
include_directories	64
joystick	143
JPEG files	159
LAN	12
launchファイル	120
load	119
Matクラス	159, 161
Message	43
message_filters	86
message_filters::Subscriber	88
message_filters::sync_policies::ApproximateTime	87
mutex	85
nav_msgs	75
nodelet manager	169
nodelet::Nodelet::getNodeHandle	172
nodelet::Nodelet::onInit	172
nodelet機能	169
Nodeletクラス	170, 171
OpenCV	33, 158
package.xml	60, 174
Parameter	43, 115
Parameter server	115

PLUGINLIB_EXPORT_CLASS ... 172	scamper_sonar ... 143, 144	UNIX時間 ... 118
Portable Network Graphics ... 159	scamper_vision ... 164	USB ... 5, 12
project ... 63	sensor_msgs ... 75	usb_cam ... 158
Publish ... 69	sensor_msgs::Image ... 166	uvc_camera ... 158
Publisher::publish ... 71	sensor_msgs::ImageConstPtr ... 174	V4L (Video4Linux) ... 177
Raspberry Pi ... 5, 12	sensor_msgs::ImagePtr ... 166	Value ... 180
Raspberry Pi 3 Model B ... 10	Service ... 43, 92	Visual Studio Code ... 127
Raspberry Pi用USB電源 ... 10, 18	Service型 ... 98	void ros::NodeHandle::setParam ... 117
Raspbian Jessie ... 5, 13	Serviceファイル ... 99	
raspi-config ... 19	SimpleActionClient::getState ... 111	Windows bitmaps ... 158
remap (Parameter) ... 122	SimpleActionClient::sendGoal ... 111	xorgxrdp ... 24
Remapping (Topic) ... 89	SimpleActionClient::waitFor Server ... 111	xrdp ... 24
Remmina ... 24, 25	SimpleActionClient<T> ... 110	zero copy通信 ... 169
request ... 93, 95	SimpleActionClient<T>:: cancelGoal ... 155	
response ... 93, 95	SimpleActionServer<T> ... 109	**コマンド**
result ... 106, 113	SimpleActionServer<T>:: isPreemptRequested ... 149	
RGB表色系 ... 179		apt-get ... 30, 35
ROS ... 3	SimpleActionServer<T>:: publishFeedback ... 108	apt-key ... 35
ROS Indigo ... 5		catkin_create_pkg ... 59
ROS Kinetic ... 5, 30, 35, 39	SimpleActionServer<T>:: setPreempted ... 149	catkin_make ... 57
ROS Master ... 47		cd ... 15
ros::AsyncSpinner ... 84	SimpleActionServer<T>:: setSucceeded ... 109	dd ... 15
ros::init ... 62		df ... 21
ros::NodeHandle::advertise<T> ... 71	SimpleActionServer<T>:: start ... 109	git ... 24
ros::NodeHandle::advertiseService ... 94	spawn ... 53	leafpad ... 32
	SPI ... 12	roscore ... 38, 47
ros::NodeHandle::createTimer ... 172	ssh接続 ... 17, 19	rosdep ... 35
ros::NodeHandle::serviceClient <T> ... 95	sshファイル ... 18	roslaunch ... 120
ros::NodeHandle::subscribe ... 72	std_msgs ... 70, 75	rosnode ... 49
ros::NodeHandle ... 71	std_srvs ... 93	rosparam ... 53, 118
ros::ok ... 71	std_srvs::Empty ... 94	rosrun ... 47, 176
ros::Rate ... 71	Subscribe ... 69	rosservice ... 52
ros::Rate::sleep ... 71	SWAP ... 31	rostopic ... 50
ros::ServiceClient::call ... 95	Synchronizer ... 88	scp ... 133
ros::spin ... 62, 72, 94	Synchronizer::registerCallback ... 88	service ... 25
ros::spinOnce ... 80	T ros::NodeHandle::param<T> ... 116	source ... 38, 40
ros::Timer ... 172	target_link_libraries ... 64	ssh ... 19
ROS_INFO ... 62, 118	terminal ... 15	sudo ... 19
ros_scamper_eyes ... 158	Terminator ... 44	swapon ... 31
ROSディストリビューション ... 30	Topic ... 43, 69	umount ... 17
Saturation ... 180	Topic通信 ... 68	unzip ... 14
Scamper ... 5, 9, 138	Topicの可視化 ... 48	
scamper_driver ... 142, 143	TurtleSim ... 42	
scamper_run ... 143, 144	UART ... 12	
scamper_runノードの無効化 ... 151	Ubuntu PC ... 9	
scamper_server ... 143		

〈監修〉
株式会社リバスト
1993年5月設立．海外製のロボット，センサーなどの輸入・代理販売を手がけるとともに，Scamperをはじめとする自社製の知能ロボットの開発も行っている．
移動ロボット，探査用ロボット，ロボットアーム，LiDARなど様々なロボット関連製品を取り扱い，大学等の教育機関や企業の研究所などに販売している．

〈著者略歴〉
鹿貫悠多（かぬき　ゆうた）
1987年1月生まれ．博士（理工学）．
2010年　早稲田大学理工学部機械工学科卒業
2015年　群馬大学大学院 理工学府電子情報数理領域 博士後期課程修了
2015年より株式会社リバストでロボティクスエンジニアとしてロボット開発に従事．
学生時代にマイクロマウス，ROBO-ONE，NHK大学ロボコン，つくばチャレンジなどを経験．現在はロボットの開発をする傍ら，子どもたちに科学の楽しさを伝えるサイエンスドクターとしても活動している．

- 本書の内容に関する質問は，オーム社雑誌編集局「（書名を明記）」係宛，書状またはFAX（03-3293-6889），E-mail（zasshi@ohmsha.co.jp）にてお願いします．お受けできる質問は本書で紹介した内容に限らせていただきます．なお，電話での質問にはお答えできませんので，あらかじめご了承ください．
- 万一，落丁・乱丁の場合は，送料当社負担でお取替えいたします．当社販売課宛にお送りください．
- 本書の一部の複写複製を希望される場合は，本書扉裏を参照してください．
JCOPY ＜（社）出版者著作権管理機構 委託出版物＞

Scamperによる
ROS & Raspberry Pi 製作入門

平成 30 年 12 月 21 日　　第 1 版第 1 刷発行

監　　修　株式会社リバスト
著　　者　鹿貫悠多
発 行 者　村上和夫
発 行 所　株式会社オーム社
　　　　　郵便番号　101-8460
　　　　　東京都千代田区神田錦町3-1
　　　　　電話　03(3233)0641（代表）
　　　　　URL　https://www.ohmsha.co.jp/

© 鹿貫悠多 2018

組版　BUCH⁺　　印刷・製本　図書印刷
ISBN978-4-274-50718-2　　Printed in Japan

● ロボット技術の各テーマを，モノ作りを念頭においてわかりやすく図解するシリーズ ●

図解ロボット技術入門シリーズ

ロボット入門

渡辺 嘉二郎・小俣 善史 共著■A5判・216頁・定価(本体2500円【税別】)

　ロボットとは何か，どのようなロボットがあるか，ロボットはどのような要素技術の組合せで構成されているか，ロボットを開発するにはどのようにすればよいか，などについて解説するもので，シリーズ全体を概括．

【主要目次】1章　ロボットの創造／2章　ロボットの構成と開発／3章　ロボットの基礎／4章　ロボットの知能と制御とセンシング／5章　ロボットの機構／6章　ロボットと人間／7章　設計のための基礎知識

ロボットセンシング
—センサと画像・信号処理—

大山 恭弘・橋本 洋志 共著■A5判・208頁・定価(本体2500円【税別】)

　ロボットにおけるセンシングに関する知識，すなわちセンサ信号を扱ううえでの基礎知識から，PCとのインタフェース，各種センサの原理や具体的な使い方など，画像センサや信号処理技術も含めて解説．

【主要目次】1章　ロボットセンサの概要／2章　センサ信号の基礎技術／3章　位置・変位のセンサ／4章　力学量・運動量のセンサ／5章　画像センサ／6章　ロボットセンサシステムの実例

ロボットコントロール
—C言語による制御プログラミング—

水川 真・春日 智恵・安藤 吉伸・小川 靖夫・青木 政武 共著■A5判・224頁・定価(本体2600円【税別】)

　コンピュータ制御の基礎やC言語プログラムによるその制御アルゴリズムの基本から実際までを，種々のロボット制御プログラム例によって具体的に解説．

【主要目次】1章　ロボットの構成とマイコン／2章　マイクロコンピュータの基礎知識／3章　C言語の基本的ルール／4章　マイコンのプログラム開発／5章　モータ制御のプログラミング／6章　センサ情報取込みのプログラミング／7章　PICマイコンを用いたライントレースロボットの開発例

ロボットモデリング
—MATLABによるシミュレーションと開発—

小林 一行 著■A5判・248頁・定価(本体2500円【税別】)

　MATLAB，Simulinkの基本的な使い方を通して，ロボットアーム，移動ロボットのシミュレーション例をあげながら，ロボット動作のシミュレーションとその開発について解説．

【主要目次】1章　ロボットシミュレーションとMATLAB／2章　ロボットプログラミング言語としてのMATLAB／3章　ロボットプログラミング言語としてのSimulink／4章　ビジュアライゼーションのための座標表現／5章　移動ロボットにおける座標変換／6章　ロボットアームのシミュレーション／7章　三次元空間における座標表現

ロボットインテリジェンス
—進化計算と強化学習—

伊藤 一之 著■A5判・176頁・定価(本体2400円【税別】)

　ロボットを知能化するために必要な手法である，進化計算と強化学習について，代表的な強化学習アルゴリズムであるQ学習，GAアルゴリズムをプログラム例を交えながら具体的に解説．プログラム例を実際に作成・実行しながら，進化計算と強化学習をロボットへ適用し，さまざまな制御を実現できる．

【主要目次】1章　人工知能とロボット／2章　進化計算／3章　強化学習／4章　GAのプログラム／5章　Q学習のプログラム

* 上記書籍の表示価格は，本体価格です．別途消費税が加算されます．
* 本体価格の変更，品切れが生じる場合もございますので，ご了承ください．
* 書店に商品がない場合または直接ご注文の場合は下記宛てにご連絡ください．
　TEL：03-3233-0642／FAX：03-3233-3440

ROSロボットプログラミングバイブル

表 允皙，倉爪 亮，鄭 黎ウン[共著]

環境設定からロボットへの実装まで，ROSのすべてを網羅

　本書は，ロボット用のミドルウェアであるROS (Robot Operating System) についての，ロボット分野の研究者や技術者を対象とした解説書です．ROSの構成や導入の方法，コマンドやツール等の紹介といった基本的な内容から，コミュニケーションロボットや移動ロボット，ロボットアームといった具体的なロボットのアプリケーションを作成する方法を解説しています．

　ROSについて網羅した内容となるため，ROSを使った開発を行いたい方が必ず手元に置き，開発の際に活用されるような内容です．

B5変判・452頁・定価（本体4300円【税別】）

目次

第1章	ロボットソフトウェアプラットフォーム
第2章	Robot Operating System (ROS)
第3章	ROSの開発環境の構築
第4章	ROSの主要概念
第5章	ROSコマンド
第6章	ROSツール
第7章	ROS基本プログラミング
第8章	ロボット，センサ，モータ
第9章	組込みシステム
第10章	移動ロボット
第11章	SLAMとナビゲーション
第12章	配達サービスロボットシステム
第13章	マニピュレータ
付録	ROS2

* 上記書籍の表示価格は，本体価格です．別途消費税が加算されます．
* 本体価格の変更，品切れが生じる場合もございますので，ご了承ください．
* 書店に商品がない場合または直接ご注文の場合は下記宛てにご連絡ください．
　TEL：03-3233-0642／FAX：03-3233-3440

ロボットのことを知るなら、ロボマガが一番

A4変形判　偶数月15日発売(隔月刊)
本体1,000円+税
→2019年1月号より本体1,200円+税

	URL	https://www.ohmsha.co.jp/robocon/	facebook	https://www.facebook.com/robomaga
	メールマガジン	https://www.ohmsha.co.jp/robocon/s_robocon.htm	Twitter ID	@robomaga

* 上記書籍の表示価格は、本体価格です。別途消費税が加算されます。
* 本体価格の変更、品切れが生じる場合もございますので、ご了承ください。
* 書店に商品がない場合または直接ご注文の場合は下記宛てにご連絡ください。
　 TEL：03-3233-0642／FAX：03-3233-3440